KB249026

빛깔있는 책들 301-13

북한산

글/박인식 ● 사진/안승일

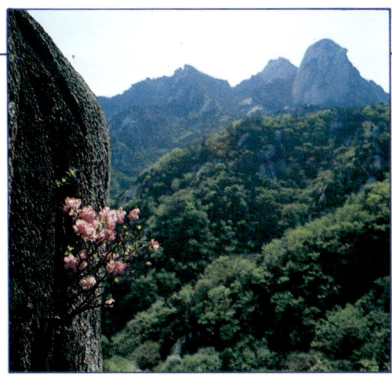

Ψ 대원사

박인식

1951년 경북 청도에서 태어났다. 연세대학교 재학 시절부터 산악부원으로 활동하며 우리나라 산하를 무수히 쏘다녔다. 조선일보사 기자(1981~1989년)를 역임했으며 지금은 월간 '사람과 산'의 발행인 겸 편집인으로 있다. 월간 '사회체육'에 장편소설 '만년설'(1985~1986년)을 연재한 바 있고, 창작집 「사람의 산」(1985년, 예문사)과 산악희곡집 「서문동답」(1987년, 문성당) 등의 저서가 있다. 미술평론에도 관심을 가져 '정기호론' '이존수론' 등 여러 화가의 작가론을 쓰기도 했다.

안승일

1946년 서울에서 태어나서, 서라벌예대 사진과를 중퇴했다. 1969년과 1975년 두 차례에 걸쳐 '산악사진전'을 가졌고, 1977년 광고사진 스튜디오 '그린스튜디오'를 개업했다. 한국산악사진가회 회원이며 사진집으로는 「산」(1982년), 「삼각산」(1990년), 「한라산」(1993) 등이 있다.

※ 본문 가운데 북한산성에 관한 부분은 조면구 씨의 자료 협조를 받았습니다.

북한산

북한산

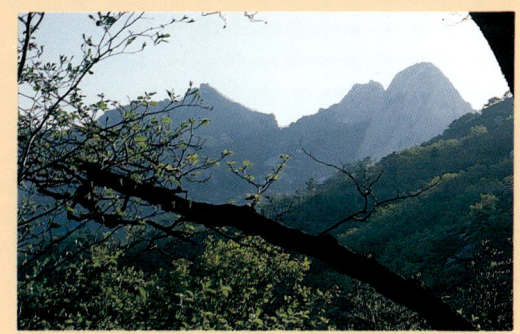

도봉산에서 건너다본 겨울 북한산 운해 위로 솟아 있는 주봉인 백운대와 그 앞의 인수봉이 겹쳐 정상부를 이루고 있다. 그 왼쪽에 만경대가 뾰족한 머리를 들고 있고, 그 왼쪽으로 뻗어나간 능선은 보현봉에서 마무리되었다.

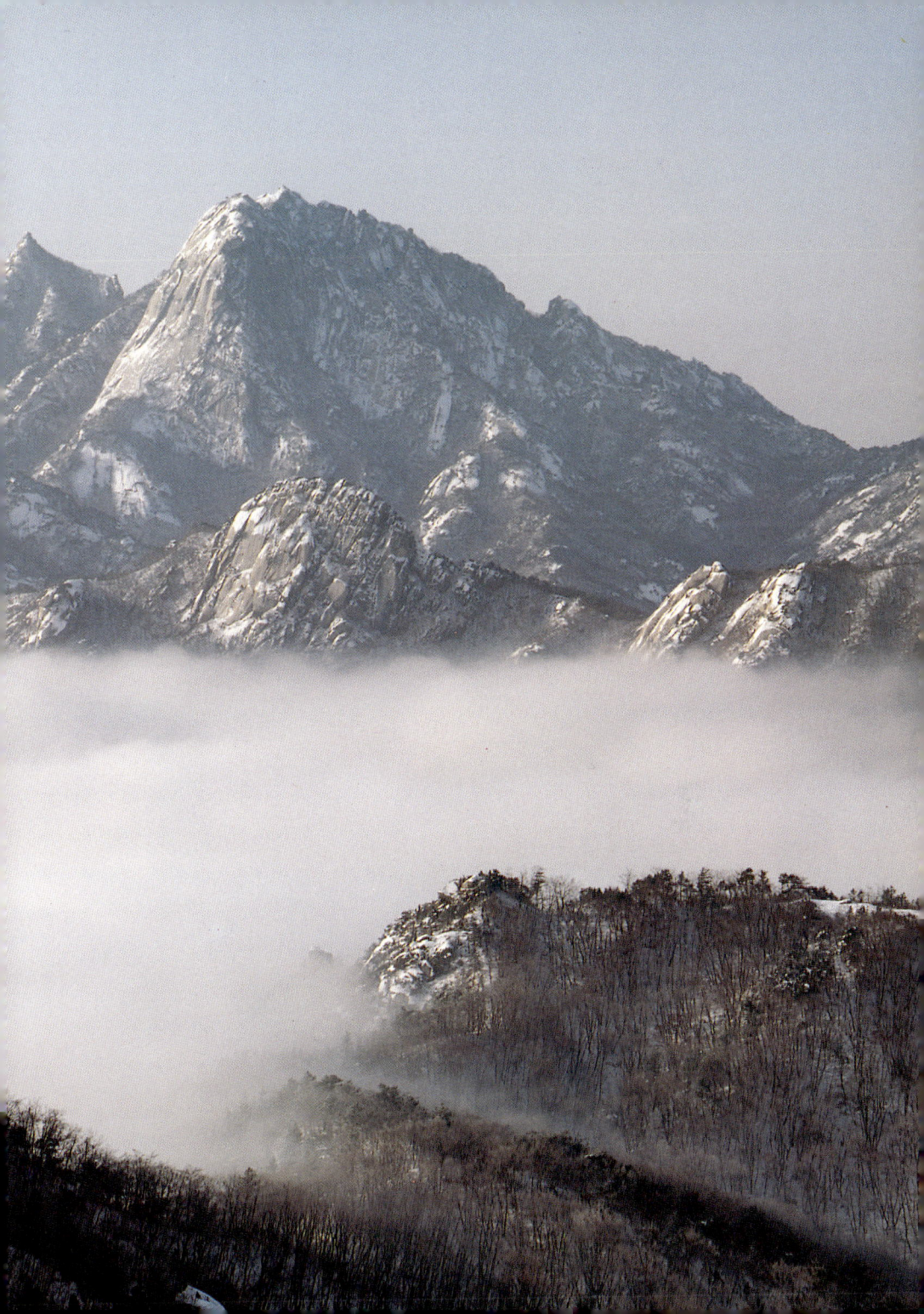

개관

산악 신앙이 된 북한산의 거석 체험

　북한산(北漢山)은 그 자체가 하나의 바위성이다. 그 바위 성채(城砦) 속에는 노적봉, 백운대, 만경대 또는 인수봉이라는 이름의 거석(巨石)이 솟아 있다. 그리고 그 거석들을 연결하는 성채에는 이 나라의 역사가 만든 12개의 구멍이 있다. 대동문, 대남문, 대서문, 위문, 용암문 등으로 불리는 북한산성의 성문들이 조금 떨어진 위치에서 보면 능선의 고개마다 실을 꿸 바늘 구멍처럼 뚫려 있다. 때문에 북한산을 곁에 두고 바라본다는 것은 그 자체로 거석을 숭배하는 산악 신앙이 된다.

　북한산은 오를 대상이 되지 않더라도 현실 속의 성역으로 서울 사람 곁에 너무도 가까이 솟아 있다. 서울의 종로나 약수동 고개에서나 또 김포가도에서나 그 어디서도 북한산은 하늘을 향해 힘껏 발기해 있는 남성의 모습을 보여 준다. 바위 자체 또는 바위가 지닌 어떤 속성이 신령처럼 모셔지던 석기 시대에서 오늘에 이르기까지 북한산은 '선바위'의 전형으로 암벽 숭배 또는 거석 숭배의 징표가

된 것이다. 선돌과 고인돌이 말해 주듯 까마득한 옛적부터 우리 겨레가 암석에 바쳐 온 신앙이 얼마나 대단했던가. 그런 민속 신앙의 상징으로 북한산은 서울 사람 곁에 있는 것이다.

북한산 거석의 상징인 인수봉에서 '남성 상징'을 읽어 내기는 어렵지 않다. 그런 인수봉과 노적봉, 염초봉 등의 '남성 상징'이 지닌 위엄과 힘의 느낌은 초월적이고도 신비로운 신앙의 대상으로 서울 사람의 마음속에 자리잡게 되었다.

실제의 남성들은, 아들이건 아버지이건 늘 정력적일 수가 없다. 알고 보면 더없이 불쌍한 존재가 그 '남성됨' 오기 뒤에 숨어 있기 마련이다. 현실에 주눅든 오늘의 남성들은 그렇게 맥이 빠져 있고 얼마쯤은 빈털터리이다. 하지만 북한산의 대암벽들은 그렇지 않다. 언제 보아도 정력적으로 솟아 있다. 현실의 한 구체적인 남성들로서는 엄두도 못 낼 힘과 능력과 위엄을 지닌 웅장한 남성으로 북한산은 사람들의 믿음을 누려 왔던 것이다.

북한산에서의 그런 남성의 발견은 거석 숭배 신앙이 미신으로 치부된 근대 이후에도 그 상징적 의미가 희석되지는 않았다. 북한산의 남서 끄트머리를 이룬 인왕산에 국사당이 자리잡고 있다는 사실도 북한산 일대가 무속이란 이름의 민간 신앙의 중심지였음을 말해 준다.

북한산은 그 몸체를 이룬 거석으로 서울 지방 무속의 메카(mecca)가 되었다.

역대 조선 왕조가 이른바 '무속 금압 정책'을 쓰면서 무당들은 왕실 주변과 한성에서 쫓겨났다. 그 쫓겨난 무당의 은신처가 바로 북한산 일대의 산기슭이었다. 그곳에는 어디건 그들이 숭배할 대상으로서 '선바위'들이 자리잡고 있었기 때문이었다. 그리하여 인왕산과 안산 그리고 세검정으로 이어지는 삼각 지형은 한양 민속 신앙의 텃밭을 이루게 된 것이다.

북한산의 거석들　설화로 단장된 한겨울의 심장 위로 솟아오른 북한산의 거석(巨石)
들로서 왼쪽의 백운대와 그 오른쪽에 솟은 인수봉의 남성미가 한겨울에도 꿋꿋하기
그지없다.

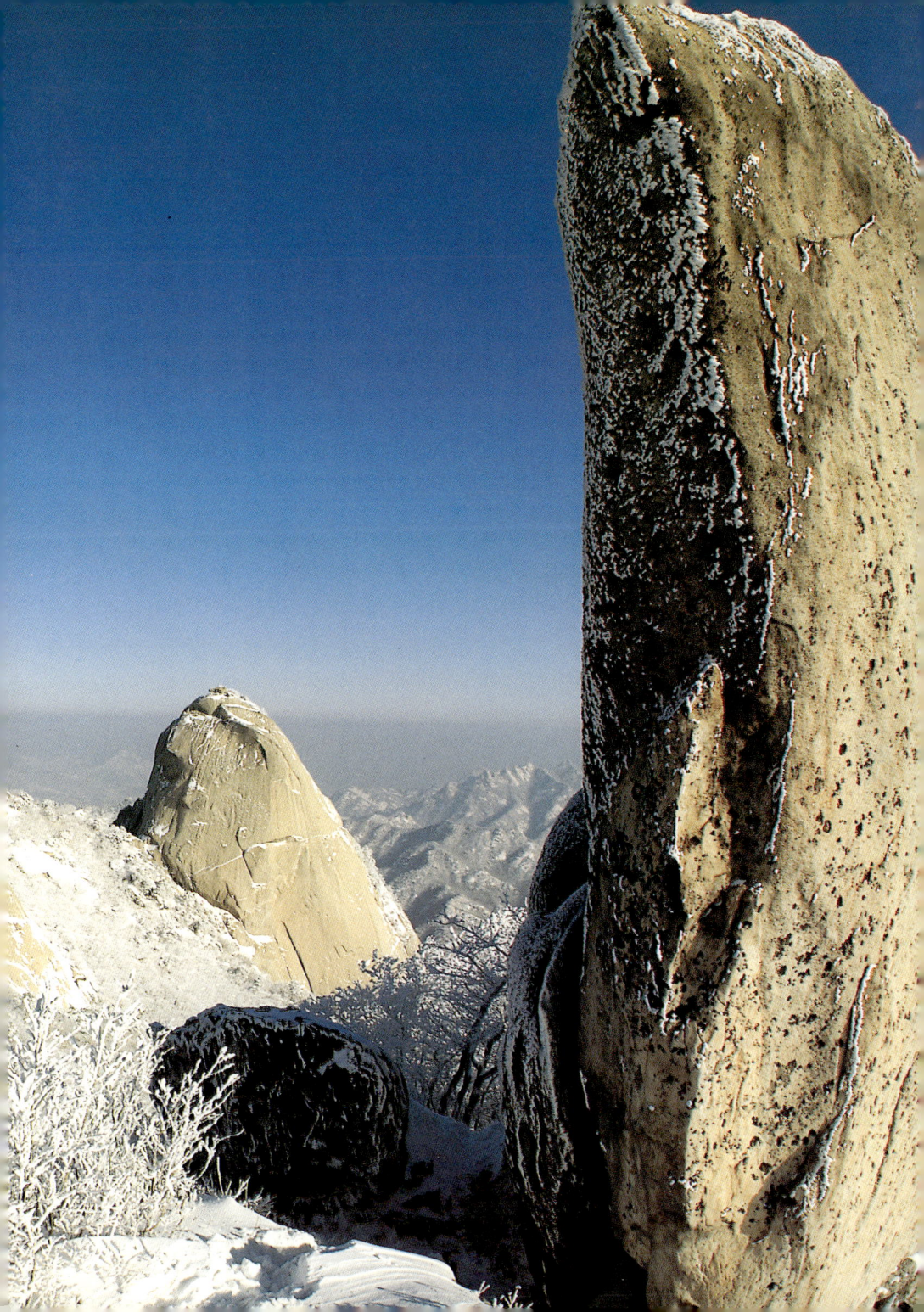

그 점은 오늘날까지 변함이 없다. 인왕산의 국사당과 안산의 사신당은 오늘날 서울에 남아 있는 가장 오랜 당집이다. 한강변의 남이 장군당, 마포의 복개당 등의 당집들이 헐렸지만 북한산은 장안 당집의 명맥을 잇고 있는 것이다.

차량 통행이 뜸할 적이면 요즘 무학재 고갯길에서도 국사당에서 나는 굿거리 장단의 장고 소리를 들을 수 있다. 그리고 어떤 때는 사신당의 징소리나 바라 소리가 바람에 실려 오기도 한다. 그 징소리, 바라 소리가 인왕산과 북한산에 기댄 서울 사람들의 복음인 것이다.

시인 고은(高銀)은 북한산이 이토록 서울 시민 가까이 있는 것을 두고 '서울의 행복'으로 불렀다.

"서울은 하나의 행복을 가지고 있다. 서울의 종로나 을지로는 물론 그 어디서도 가각(街角)의 한 모퉁이에서 많은 건물 사이로 북한산이 보이는 행복이 그것이다. 그것이 보이지 않더라도 서울 사람이 서울을 떠나지는 않겠지만 그러나 서울에서 북한산을 바라볼 수 있는 행복은 그렇다고 감해지지는 않는다. 때로는 그 삼각 영봉을 바라보며 눈물겨워하기도 한다."(고은 「나의 방랑, 나의 산하」 세대사, 1974년)

시인 고은이 노래한 서울 사람의 그 행복은 사실 북한산 바위 성채에 기댄 신앙의 현대적 가치 전환이며 그 가치 변화의 가벼운 표현이다.

북한산에 대해 아무것도 알지 못하면서 그 언저리에서 어린 시절을 보낸 사람들이 많다. 우이동이나 세검정 또는 구파발이나 누상동 등지에서 성장기를 보낸 사람들은 민속 신앙과 상관없이 '큰바위 얼굴'로서의 북한산이 커다란 환영(幻影)으로 자리잡고 있을 것이다.

이승만이나 케네디 대통령의 얼굴을 닮았다는 큰바위 얼굴을

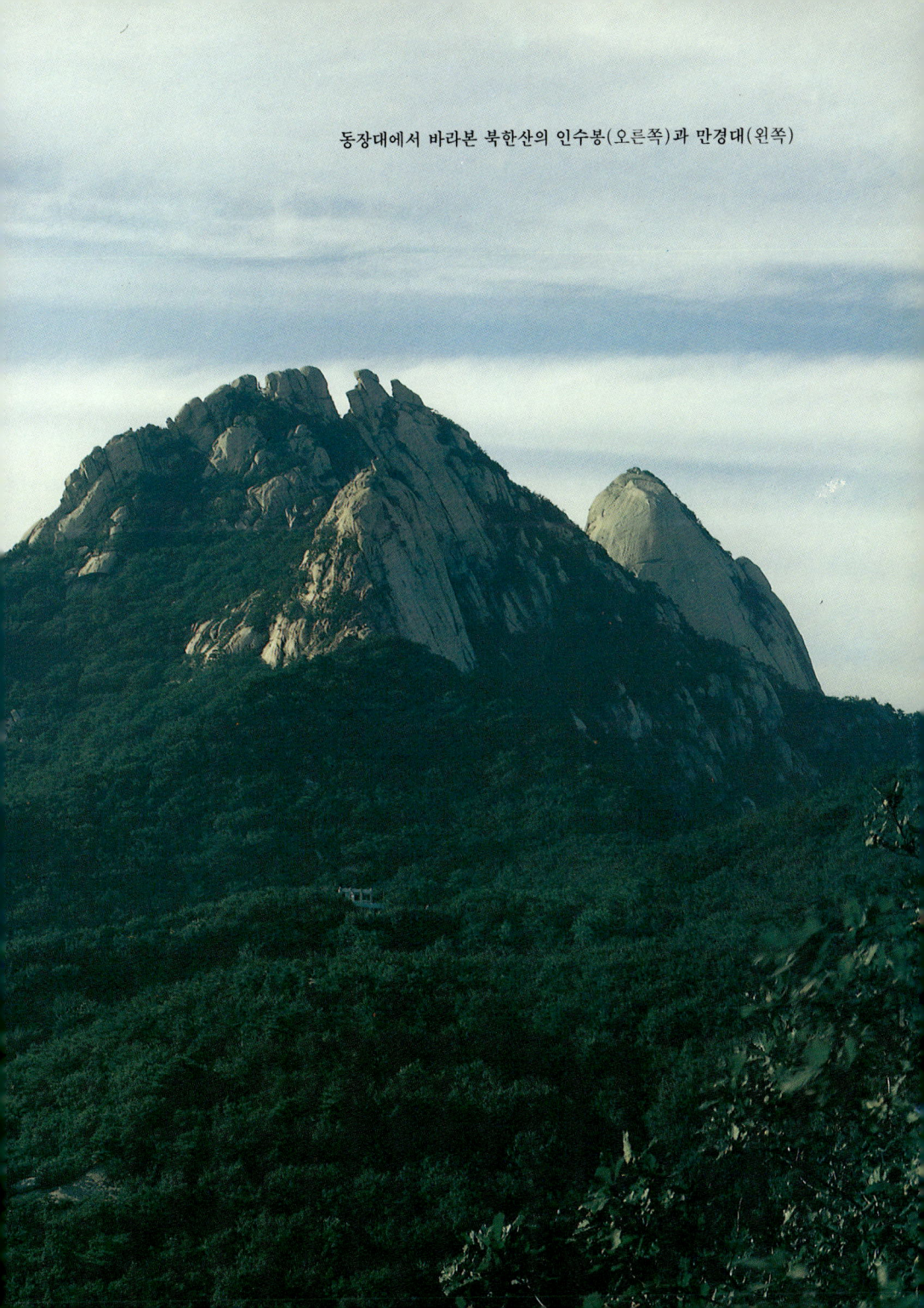

동장대에서 바라본 북한산의 인수봉(오른쪽)과 만경대(왼쪽)

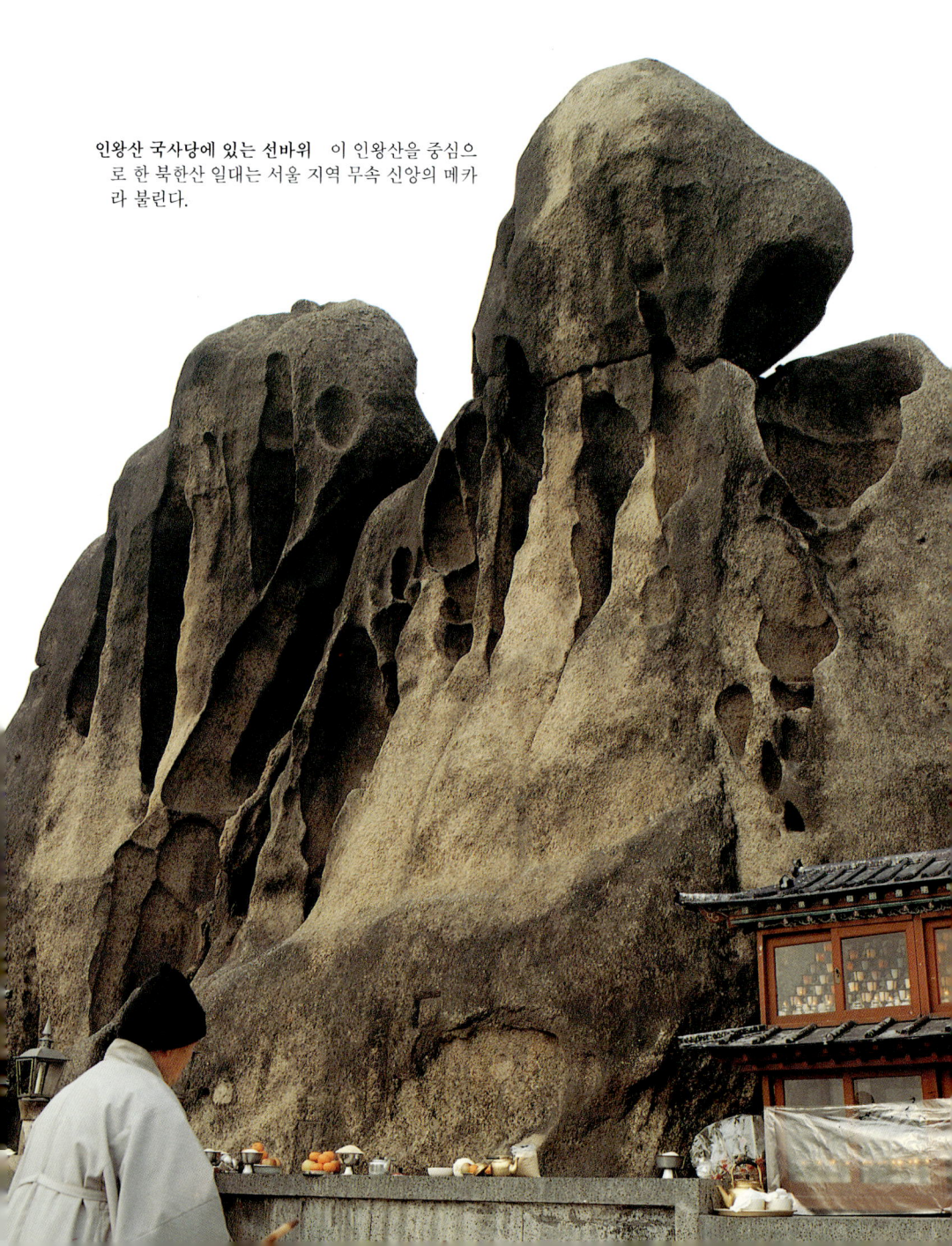

인왕산 국사당에 있는 선바위　이 인왕산을 중심으로 한 북한산 일대는 서울 지역 무속 신앙의 메카라 불린다.

쳐다보며 그 어린 영혼들은 미지의 세계에 대한 두려움과 끝모를 동경을 키워 왔을 것이다. 그들은 대개 북한산으로 소풍을 간 기억도 갖고 있기 마련이다. 보국문이나 대서문을 넘어가면 놀기 좋은 평지가 나온다. 행궁 자리이다. 그곳이 어떤 집터였는지, 반쯤 땅에 묻혀 발에 채이는 돌뿌리가 된 옥개석이 어떤 역사적 의미를 지니는지에 대해서 관심 갖기에는 너무 어린 나이였을 것이다. 또한 대서문을 거쳐 효자동으로 빠지는 개울가에서 가재도 잡고 술래잡기도 했을 것이다. 하지만 그들이 제아무리 어린 영혼을 지녔다 하더라도 그가 눈을 가진 이상, 술래잡다가 고개를 돌렸을 때나 가재를 잡다가 허리를 폈을 때 건너편에 찬란하게 솟아오른 백운대나 노적봉의 거대한 바위 얼굴과 맞딱뜨리는 놀라운 체험을 했을 것이다.

'아—' 하는 탄성을 지르기 마련인 그 순간의 '거석 체험'은 그가 이 땅의 아들딸인 이상 이 땅에 살붙이고 피붙이며 살아갈 수밖에 없는 운명을 예감케 만든다.

"저 바위산은 백운대라고 하는데, 그 꼭대기에 뜀바위가 있어. 그 뜀바위 속으로 떨어지면 인천 바다로 빠지지……."

놀라서 거대한 바위벽을 바라보고 있는 소년 소녀에게 북한산과 세상을 조금 더 안다는, 조금 더 살아본 사람이 그런 얘기를 귀띔해 주는 수가 있다. 어린 호기심을 더욱 부채질하는 그런 황당 무계한 소리에 이끌려 그 소년 소녀가 어느날 다시 북한산을 찾게 되면 북한산에 서려 있는 역사에 눈 뜨는 날이 오게 될 것이다. 그 개안(開眼)의 관문이 바로 북한산에서의 '구멍 체험'이다.

이상하게도 북한산은 '구멍'을 통하지 않고서는 그 속의 산나라〔山國〕로 들어갈 수 없게 되어 있다. 우이동의 도선사 쪽에서 오르면 위문이나 용암문의 구멍으로 들어가야 하고, 4·19탑으로 올라서면 대동문을 통과해야 한다. 정릉 계곡으로 산에 오르면 보국문으로 들어가야 하고 세검정 길을 택하면 대남문을 지나지 않을 수 없다.

구파발의 효자리로 들어서면 그 초입부터 대서문이라는 구멍을 통과해야 한다.

북한산의 바위에 대한 거석 체험이 남성 발견으로 연결된다면, 이 구멍 체험은 북한산의 여성 발견으로 상징된다. 이처럼 북한산은 남성은 여성을, 여성은 남성을 발견케 하는 음양 조화를 이룬 기(氣)의 덩어리이다.

거석이 자연적 소산물인 데 비해 성문의 구멍은 인위의 유적이다. 거석 체험은 그래서 공간 체험이 되며 구멍 체험은 시간 체험이 된다. 북한산을 찾는 사람은 거석 체험으로 세계관을 넓혀 가게 되며, 구멍 체험으로 그 세계관에 깊이를 더하게 된다.

구멍은 한쪽 세계에서 다른 쪽 세계로 진입하는 통로이다. 그 구멍으로 저 세상과 이 세상의 시간이 뒤집혀질 빌미를 지닌다. 그래서 구멍이 있는 것은 모두 인간적이다. 구멍 없는 존재는 신이라는 완전자뿐이다. 인간은 구멍의 집합체라는 의미에서 12개의 구멍을 가진 북한산은 더없이 인간적이기도 하다.

성문의 그런 '구멍'을 통과할 때 새롭게 전개되는 신세계가 바로 '북한산'이라는 하나의 산국(山國)이다. 그 산국 속에는 임금이 기거할 궁도 있었고 신하와 장수들의 지휘소도 있었다. 그들의 식량을 비축해 둔 창고도 지어졌고 그 속에는 우물도 수십 곳에 생겨났다.

사람이 산에 들어가면 출세간(出世間)의 납자(衲子)가 되기 마련이다. 그런 불자를 위한 사찰과 암자까지 스무 곳 이상 생겨나 북한산 위의 산나라는 그 아래쪽의 한양과 대비되는 완벽한 산상(山上) 세계를 이루었다.

한양에 있는 남대문, 동대문과 거의 유사하게 생긴 문들이 그 산상 세계에도 생겨났다. 대남문이나 대동문 등의 성문이 그것이다. 그 성문의 구멍을 통과하면 아래 세계의 '남대문'이 '대남문'으로, '동대문'이 '대동문'으로 둔갑하는 것이다. 구멍을 통과하면 '문'

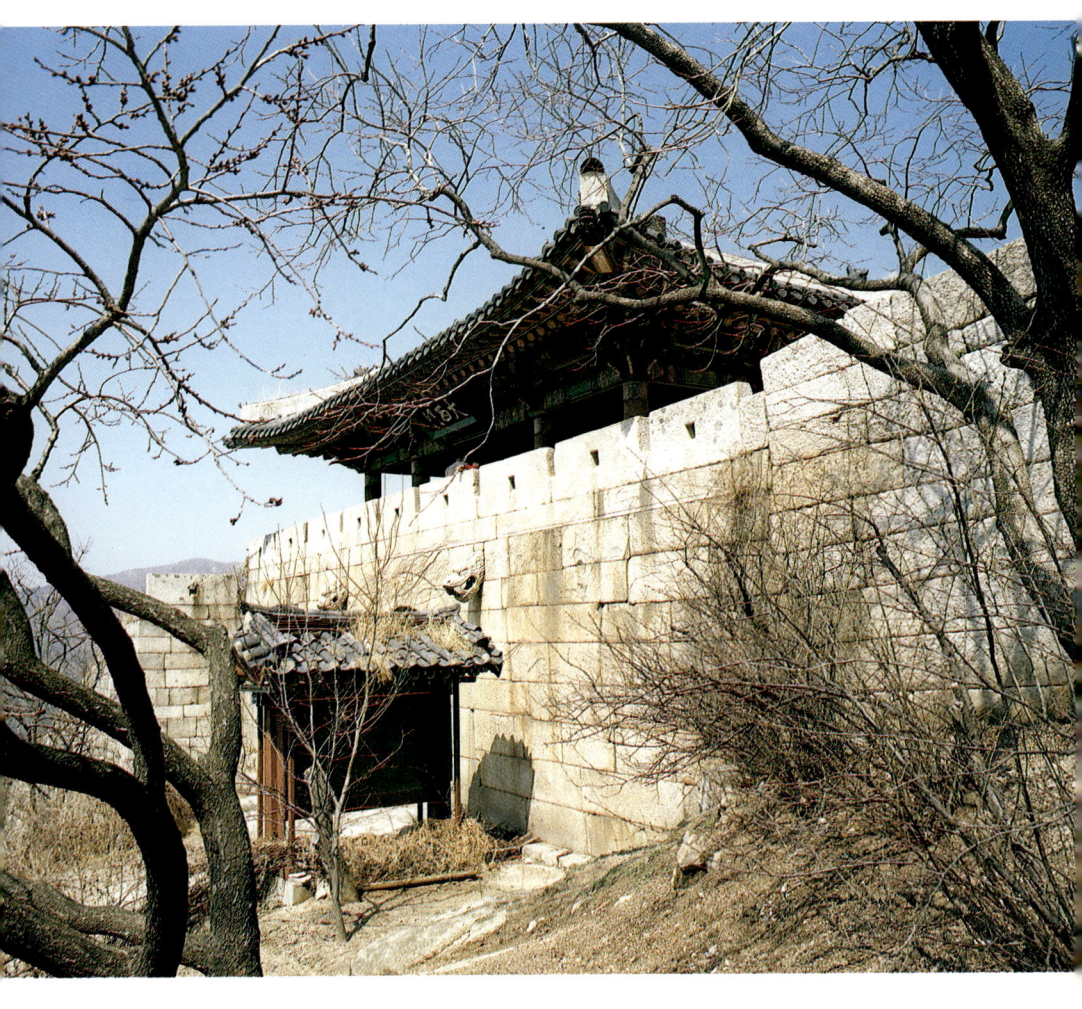

대서문 축성 당시의 원형을 그대로 보존하고 있는 대서문은 북한리로 모여드는 여러
골짜기의 수구를 막고 있는 큰 성문이다.

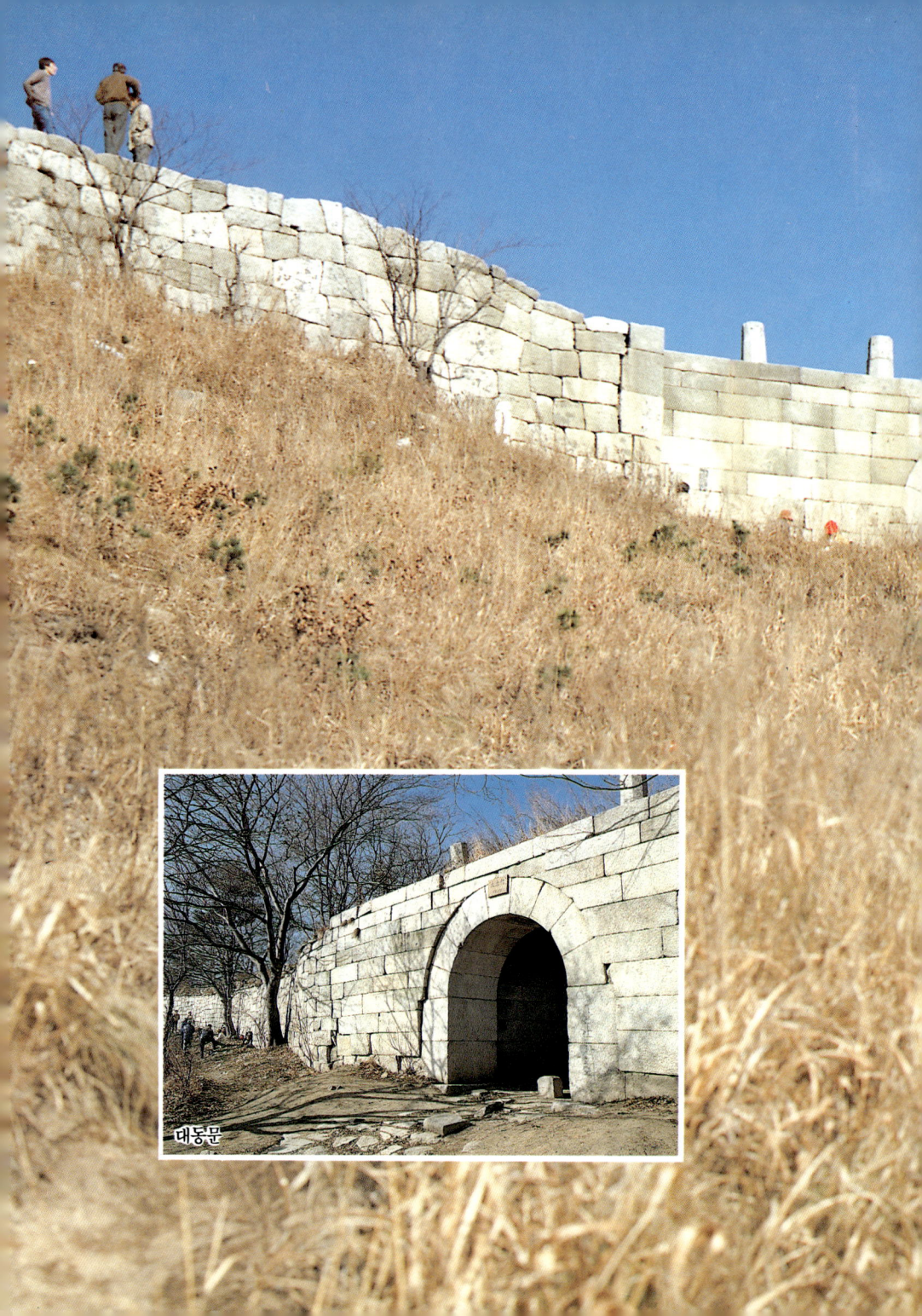

대동문

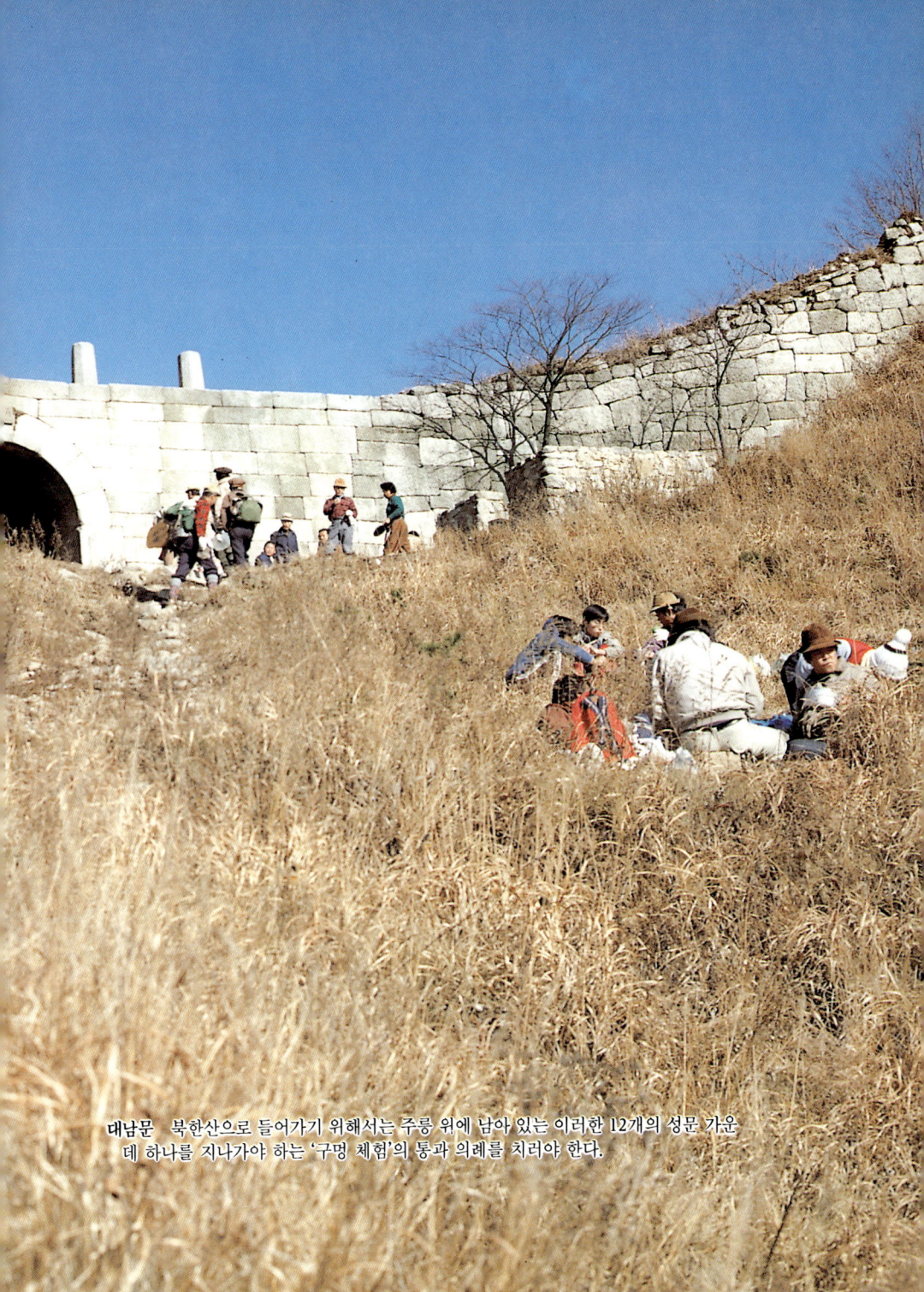

대남문 북한산으로 들어가기 위해서는 주릉 위에 남아 있는 이러한 12개의 성문 가운데 하나를 지나가야 하는 '구멍 체험'의 통과 의례를 치러야 한다.

자 앞에 붙은 문의 크기와 방향의 위치가 바뀌었다. 자리바꿈한 그 산성문의 구멍을 통과하면 새 세상으로서 산국이 펼쳐지는 것이다.

대서문에서 닫혀지는 북한산성의 폐쇄 회로

북한산에만 산성이 있는 것은 아니다. 덕유산의 덕주산성, 팔공산의 가산산성, 설악산의 권금성 등 우리나라의 대표적 명산에는 대개 산성이 있다. 때문에 그런 산을 들어갈 때도 '구멍 체험'이 이뤄질 수 있다. 그러나 북한산성은 그 성문을 통한 '구멍 체험'이 산행에 필수적이라는 점에서 여느 산과는 다르다. 이 점이 북한산을 다른 산과 구별할 수 있는 가장 큰 특징이 된다.

북한산은 북한산성으로 완벽한 폐곡선을 이루고 있다. 폐곡선은 안쪽과 바깥쪽을 경계지으며 닫혀 있다. 때문에 그 바깥쪽에서 안쪽으로, 또 그 반대로 안쪽에서 바깥쪽으로 나가려면 경계선을 통과하지 않을 수 없다. 북한산성이라는 폐곡선으로 북한산은 그 속의 산국과 바깥의 속세가 완벽하게 구분되는 것이다. 두 세계를 연결시키는 방법은 바로 그 폐곡선에 나 있는 12개의 '구멍 가운데 어느 하나라도' 통과하는 수밖에 없는 것이다.

설악산을 우리는 흔히 내설악과 외설악으로 구분짓는다. 금강산의 외금강과 내금강을 적용시킨 이런 지역 구분은 그러나 설악산의 경우 논리적으로 납득하기 어렵다. 설악산의 주능선인 공룡 능선을 경계로 그 서쪽을 내설악, 바깥쪽인 동쪽 산록을 외설악이라고 부른다. 그러나 동해안 쪽에 사는 사람의 관점에서는 설악동 일대가 외설악이 될 수는 없다. 그것은 내외설악을 구분짓는 공룡 능선이 폐곡선이 아니라 남북으로 뻗은 장벽에 지나지 않기 때문이다. 그런

공룡 능선을 기준으로 삼을 때는 동설악과 서설악이 생겨날 따름인
것이다.

북한산에서는 그 속과 바깥이 자연 장벽 위를 둘러싼 산성으로
완전하게 분리되는 것이다. 그래서 북한산의 입산과 하산은 기본적
으로 '구멍 체험'을 두 번 요구하게 된다. 다른 산에서는 성문 통과
여부에 상관없이 입산과 하산이 이루어지지만, 북한산에서만큼은
구멍 체험이 원체험일 수밖에 없는 조건을 갖춘 것이다. 다른 산은

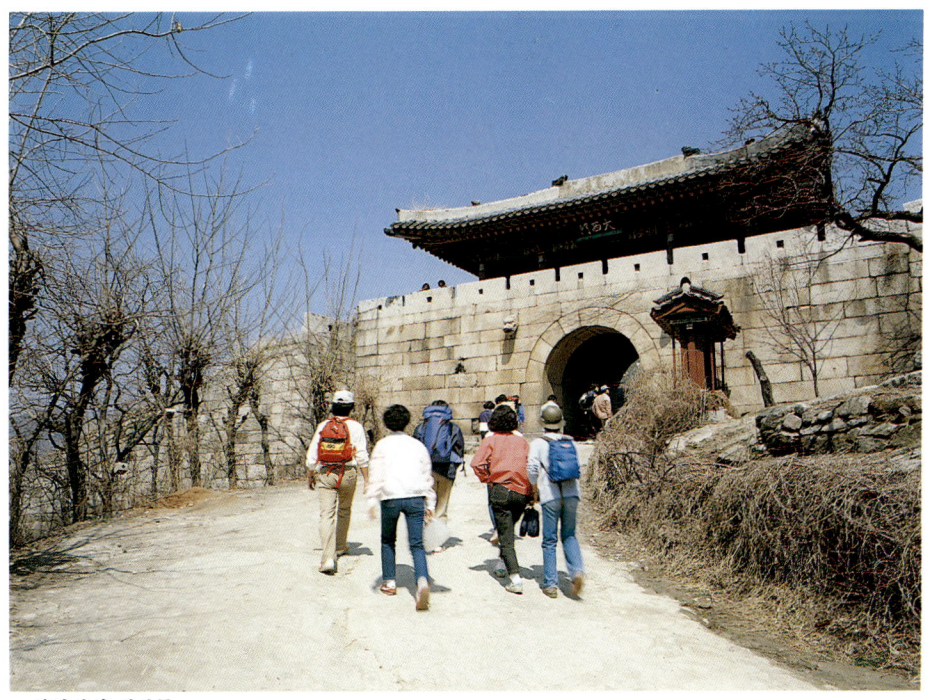

북한산성 대서문

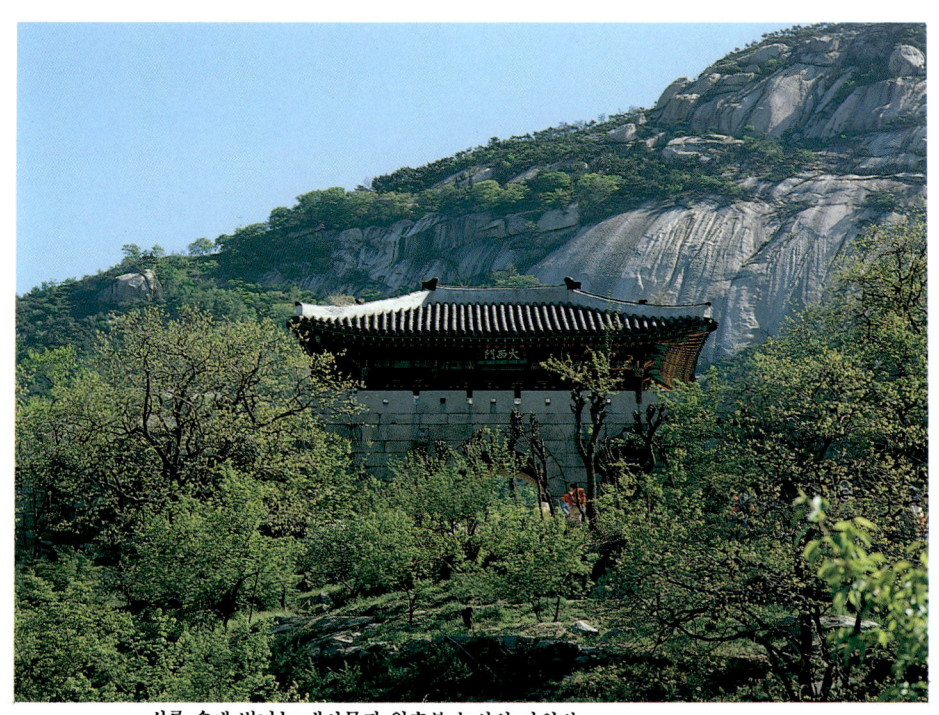

신록 속에 빛나는 대서문과 원효봉 능선의 바위벽

그 들목의 '구멍'을 우회하여 입산할 수도 있다. 그러나 북한산은
우회 입산을 허용하지 않는다. 오직 여기서는 구멍을 '관통'하여
세상을 바꿀 각오를 가진 사람에게만 그 속을 허용한다.

'서울의 진산'으로 불리는 북한산이어서 북한산이 서울을 감싸고
있는 것으로 착각하기 쉽다. 하지만 사실은 그렇지 않다. 서울은
서울이며 북한산은 북한산이다. 북한산은 어떻게 보면 서울에 등을
돌린 모습을 하고 있다. 저희끼리 모인 동네 개들처럼 따로 놀고
있는 형국이다.

주봉인 백운대(해발 836미터)를 중심으로 인수봉과 만경대 등이 삼각 정점을 이루며 남쪽으로 용암봉과 시단봉을 거쳐 보현봉과 문수봉으로 산줄기를 뻗고 있다. 문수봉에서 다시 북진하는 산줄기는 나한봉, 나월봉, 증취봉, 용혈봉, 용출봉 그리고 의상봉으로 뻗어 있다. 그 줄기가 백운대에서 서쪽으로 뻗어 내린 원효봉 능선과 맞물리며 북한리의 수구(水口)를 타원형으로 껴안고 있는 것이다.

백운대 부근에 솟은 삼각 정점에서 좌청룡, 우백호로 뻗은 좌우 능선이 의상봉과 원효봉을 지날 때까지는 자연 능선이 완벽한 성채를 이룬다. 그리고 다만 북한리로 내려설 때만 그 속에 가둔 계곡에서 흘러내리는 물꼬를 터 준다. 그 북한리 계곡을 '대서문'으로써 인위로 막으며 북한산 산국을 지키는 폐쇄 회로가 완성된다. 그러니까 대서문 일대를 제외한 북한산성의 모든 구간이 자연 성벽의 분수령을 따라 석축을 조금씩 쌓은 것에 지나지 않는다. 북한산의 봉우리와 봉우리 사이의 고갯마루에 성문을 세워 안팎 교통이 이루어질 '구멍'을 내놓은 것이 북한산성의 본모습인 것이다. 이처럼 북한산성이 지키고 있는 것은 한양 땅인 서울이 아니라 그 안쪽에 있는 산국인 것이다. 그래서 성벽도 바깥에서부터 공격해 오는 적과 싸울 수 있도록 쌓여져 있다.

이 산국은 이 땅의 모든 산이 그러하듯 백두산에 탯줄을 대고 있다. 백두대간이라는 골간 이름이 말해 주듯, 이 땅의 산은 모두가 백두산의 아들딸인 까닭이다. 백두산 천지가 백두산을 오른 구멍 체험의 신천지로 전개되듯, 북한산을 오른 구멍 체험은 그 속의 거석을 마주하는 신앙 체험으로 승화된다. 이 두 산에서의 '구멍 통과'라는 원형 체험은 동질의 것으로 백두산의 정기가 북한산까지 뻗칠 원동력으로 작용하는 것이다.

북한산은 이 땅의 산줄기 흐름으로 따지자면 백두대간이 철원에서 남서쪽으로 광주산맥이라는 가지를 친 그 끄트머리에 솟아 있다. 그 산줄기는 철원을 지나 명지산을 솟구치고, 이어 의정부에서 포천으로 넘어가는 축석 고개와 불곡산을 지나 도봉산을 빚었다. 도봉 줄기는 우이령으로 내려앉는다. 백두산에서 뻗친 산기운이 다시 힘차게 일어서는 한강과 마주치기 전에 한바탕 기세를 올려 뒤풀이하는 위치에 북한산이 그 빛나는 바위 몸체로 솟아난다.

북한산은 우이령을 경계로 그 서쪽에 서울 도봉구, 은평구, 종로구, 성북구 그리고 경기도 고양시의 접경에 그 강건하고도 흰 바위 산의 자락을 두르고 있다. 그 남쪽 경계는 보현봉에서 형제봉을 거쳐 그 밑으로 뻗은 북악산과 인왕산이며 서쪽은 비봉에서 더 나아간 불광산이 마감한다. 그리고 북으로는 송추 계곡을 경계로 북한산은 그 북서쪽의 노고산과 구별된다.

이처럼 서울과 고양시 그리고 양주군 사이에 솟은 북한산은 효자동과 우이동까지, 또 화계동에서 구파발까지의 약 90제곱킬로미터 넓이의 산국을 형성한다. 산국은 그 주능선을 따라 쌓여진 8킬로미터 길이의 북한산성으로 그 아래쪽의 인간 세상과 구분되는 산상 세계를 이루고 있는 것이다.

북한산은 화강암 산수의 전형이다. 서울 민속 신앙의 텃밭을 이룬 '선바위'와 '거석'이 모두가 화강암인 것이다. 지질학자에 의해 북한산은 서울에서 원산에 이르는 거대한 화강암대의 일부분임이 알려져 있다. 서울 남대문의 기반과 남산의 북사면까지 이 거대한 화강암체를 주체로 삼고 있다. 그러니까 북한산, 인왕산, 북악산의 뿌리는 결국 하나의 화강암체인 것이다.

이 화강암은 1억 5천만 년 전에 있었던 격렬한 지각 변동의 산물이라 한다. 대보 변란(大寶變亂)으로 불리는 이 땅의 대혁명으로 흘러내리거나 관입한 용암이 굳어진 그 화강암체이다. 그런 화강암 지대는 절리와 단층이 유난히 발달하여 빼어난 경관을 만들어 낸다. 자연 병풍의 바위 성채를 이룬 북한산의 기암 절벽 또한 그런 절리와 단층 작용으로 생겨난 것이다. 화강암 지대는 흙이 깨끗하고 투수성이 높아 지하로 스며들고 솟아나는 물을 정화시켜 준다. 한반도가 금수강산인 이면(裏面)은 북한산을 비롯한 이 땅 거개의 명산이 그 지반을 화강암대에 두고 있는 덕이다.

흰 화강암이 낙락장송과 어울린 광경은 그대로 한 폭의 산수화가 된다. 한국 명산이 가진 산수화 가운데에서도 북한산의 산수화는 그 흰빛과 푸른빛의 대비가 짙은 북종화의 화폭으로 그려진다.

「택리지」를 쓴 이중환도 "산모양은 반드시 돌로 된 산봉우리라야 산이 수려하고 물도 맑다"고 했으며, 북한산이 바로 그런 산이기에 "흙이 깨끗하여 길가에 밥을 떨어뜨렸더라도 다시 주워 먹을 수 있을 것 같다. 그런 까닭에 한양의 인사(人士)가 막히지 않는다"라고 했던 것이다.

오늘날 서울에서는 이중환이 극찬하던 그런 물을 마시기는 어렵게 되었다. 그렇게 깨끗한 흙을 밟을 수도 없다. 밥을 떨어뜨리면 아까워도 바로 버려야 할 판이다. 그리고 화강암의 기암 절벽이 송림과 조화된 북한산 특유의 절경 지대도 많이 훼손되었다. 개발과 투기를 노린 억척스런 손길에 북한산의 남쪽 평창동, 구기동과 동쪽의 우이동 일대의 산허리가 무참하게 잘려 나가 산이 사람의 욕망에 잠식되고 사라져 가고 있다. 그러나 어쩌면 그래서 오늘 북한산은 더욱 아름답다.

애처로운 오늘의 북한산을 사랑했던 문학 평론가 김현은 "산은 깊은 꿈이다. 깨어나면 다시 꿀 엄두도 못 내는 그런 꿈이다"라고 말하며 북한산의 아름다움을 이렇게 표현했다.

"청계산은 부드러우나 거친 맛이 없고, 관악산은 거칠지만 부드러운 맛이 없다. 그 둘을 갖춘 산이 북한산이다."

김현의 북한산은 거친 맛이 있으면서도 부드러웠다. 거친 것과 부드러운 것은 모순되지만 그 둘 다 북한산의 숨길 수 없는 참모습이다. '거석'과 '구멍'으로 상징되는 양과 음이 이처럼 동전의 앞뒤로 맞물린 북한산이기에 깨어나면 다시 꿀 엄두도 못 내는 꿈이 될 수도 있는 것이다.

산이 아름다울수록, 그 정상에서의 허망함은 더 절실해질 수 있다. 그 정상의 허무함이 북한산 골짜기의 섬세함 그리고 능선의 성벽을 걷는 게으름과는 다른 점이다. 그 허무감이 바로 구멍 체험의 되돌아감 앞에 놓이기 때문이다. 오르지 않고 쳐다보기만 하면 북한산 정상에 머무는 허무를 알 수 없다. 어느 방랑 시인은 "허망이 희망보다 더 진실하다"고 노래한 바 있다. 그 북한산을 바라보는 희망이 비록 산정의 허망보다 덜 진실하다 하더라도 북한산 밑에 사는 사람들은 오늘도 북한을 외면할 수는 없다. 그 북한산성에 솟아오른 인수봉(해발 810미터)과 만경대(해발 800미터)의 '거석'은 지상으로 솟아오른 남성 상징이기에 멀리서도 잘 드러난다.

그래서 북한산은 원경이 잘 받는다. 개성에서도 삼각뿔이 그대로 보인다 하며 서쪽으로는 양평이나 용문 어름에서도 삼각을 이룬 북한산의 진경을 확인할 수 있다. 어디서 보건 북한산은 첫눈에 삼각산으로 다가오는 것이다. 뫼 산(山)이라는 상형의 본을 이루는 그 삼각 지형의 품격은 그 기슭에 깃든 사람을 도성 사람으로 만들 팔자 소관과 그대로 어울리는 바 있다.

그 옛날 개성의 보부상이 임진 마루에 다다르면 나랏님 대하듯 우러러봤던 북한산의 삼각 봉우리였다. 문무 백관처럼 머리를 조아리고 있는 야산 위로 우뚝 솟은 바위 성채의 위용은 제왕의 그것에 한치 어긋남이 없었다. 파주벌을 지나 금곡 어름에 이르면 금방 불호령을 내릴 것 같이 바위 절벽에 서릿발이 서린다.

삼송리쯤 가까워질 때라야 북한산은 친숙해진다. 그제서야 백악이라는 하얀 속살을 드러내는 것이다. 담도색이던 화강암 성채는 청와

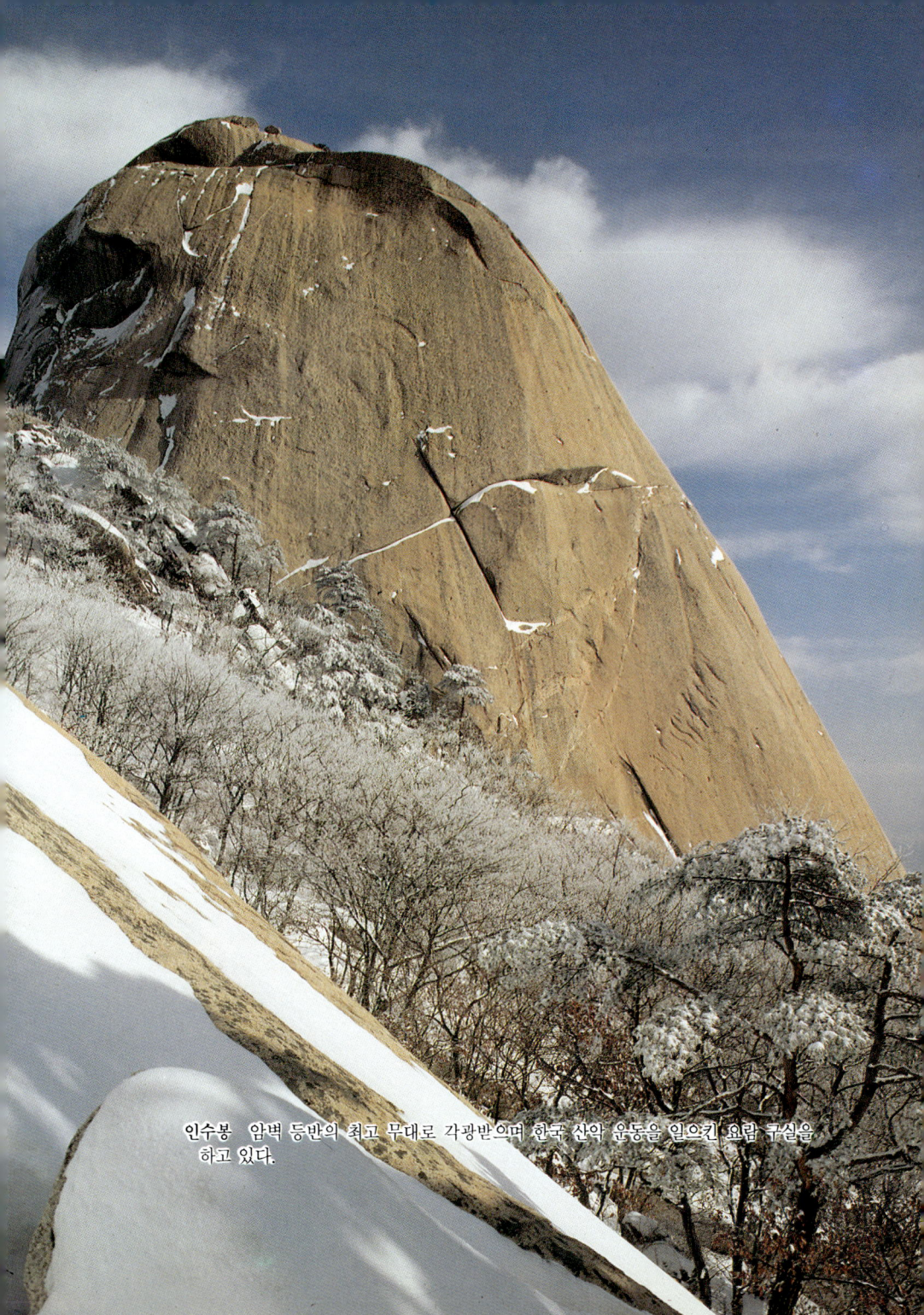

인수봉 암벽 등반의 최고 무대로 각광받으며 한국 산악 운동을 일으킨 요람 구실을 하고 있다.

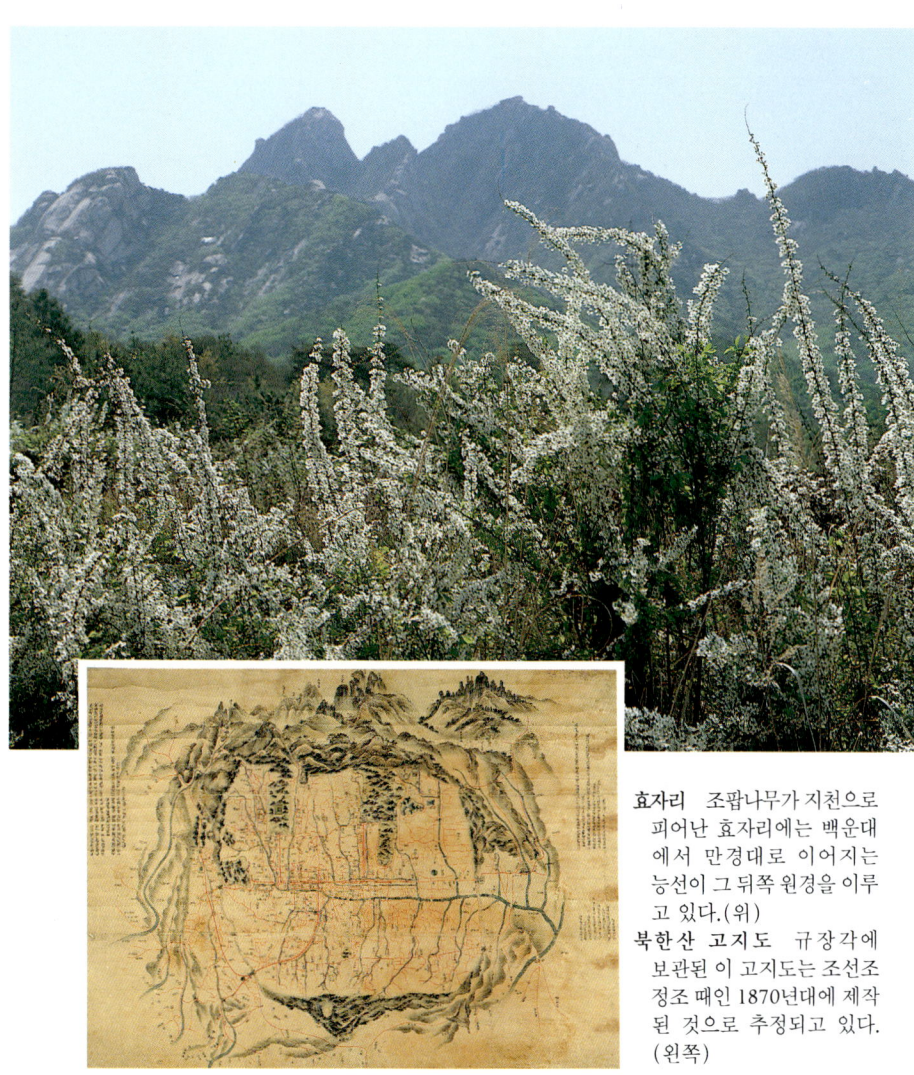

효자리 조팝나무가 지천으로
피어난 효자리에는 백운대
에서 만경대로 이어지는
능선이 그 뒤쪽 원경을 이루
고 있다.(위)
북한산 고지도 규장각에
보관된 이 고지도는 조선조
정조 때인 1870년대에 제작
된 것으로 추정되고 있다.
(왼쪽)

대 뒷산인 북악에 접근할수록 흰빛으로 변화한다. 박석 고개를 지나면 북한산을 보기 어렵다. 가까이 갈수록 오히려 깊어지고 멀어지는 게 명산인 것이다. 가까이 다가간 곳에 북한산은 그 깊고 섬세한 골짜기로 대응한다.

우이동 계곡, 구천 계곡, 정릉 계곡, 평창 계곡, 구기 계곡, 진관사 계곡, 삼천사 계곡 그리고 효자리 계곡 등이 자연 성채로서 북한산의 주릉에서 사람 사는 곳으로 흘러내리는 골짜기들이다. 그리고 그 타원형의 폐곡선 속에 북한산은 산성 계곡을 은밀하게 키우고 있다.

계곡이 아래의 사람 쪽을 지향하고 있는 반면, 능선은 생겨난 팔자 그대로 산정을 지향하고 있다. 계곡이 세월따라 자꾸 흘러내려가도 능선은 숨을 헐떡거림도 없이 위쪽으로만 올라간다. 그런 지릉을 북한산은 수십 개를 두고 있으므로 그 채신을 변함없이 유지하고 있는 것이다.

우이령에서 도봉산을 거쳐 온 한북정맥을 이어받은 북한산은 영봉과 하루재 그리고 깔딱 고개를 넘어 만경대로 이어진다. 이 능선이 북한산의 북쪽 산줄기이며 한북정맥의 본령은 이곳에서 백운대를 거쳐 서쪽의 노고산으로 빠져 나간다.

북한산의 역사와 지리

삼국시대의 격전장에 쌓여진 북한산성

등산객들이 가장 많이 이용하는 우이동 계곡과 4·19탑이 있는 구천 계곡 사이에 진달래 능선이 있다. 봄이면 진달래 산천를 이루는 이 능선의 종점은 대동문이다. 정릉 계곡의 북쪽 사면을 이룬 날카로운 능선이 칼바위 능선이다. 그리고 정릉 계곡과 평창 계곡을 가르는 형제봉 능선이 있다. 이 형제봉 능선이 북악 스카이웨이를 거쳐 북악으로 이어진다. 1968년 무장 침투 공비들이 진관사 계곡을 거쳐 청와대 부근까지 침입한 침투 루트가 바로 이곳이다.

구기 계곡이 발원하는 비봉 능선은 향로봉을 거쳐 그 남쪽의 탕춘대성으로 이어진다. 북한산의 서쪽인 고양시 쪽으로는 암릉(岩稜)이 별로 발달하지 않았다. 그 일대의 북한산 자락은 상당히 평탄하고 순한 모습을 보여 준다. 그래서 '대서문'이라는 인위의 장벽이 그곳 수구를 가로막고 있는 것이다.

그렇게 볼 때 북한산의 바위 성채는 서울을 향해 그 방위력을 구축하고 있는 형상이 된다. 우이동이나 정릉 또는 종로나 평창동에

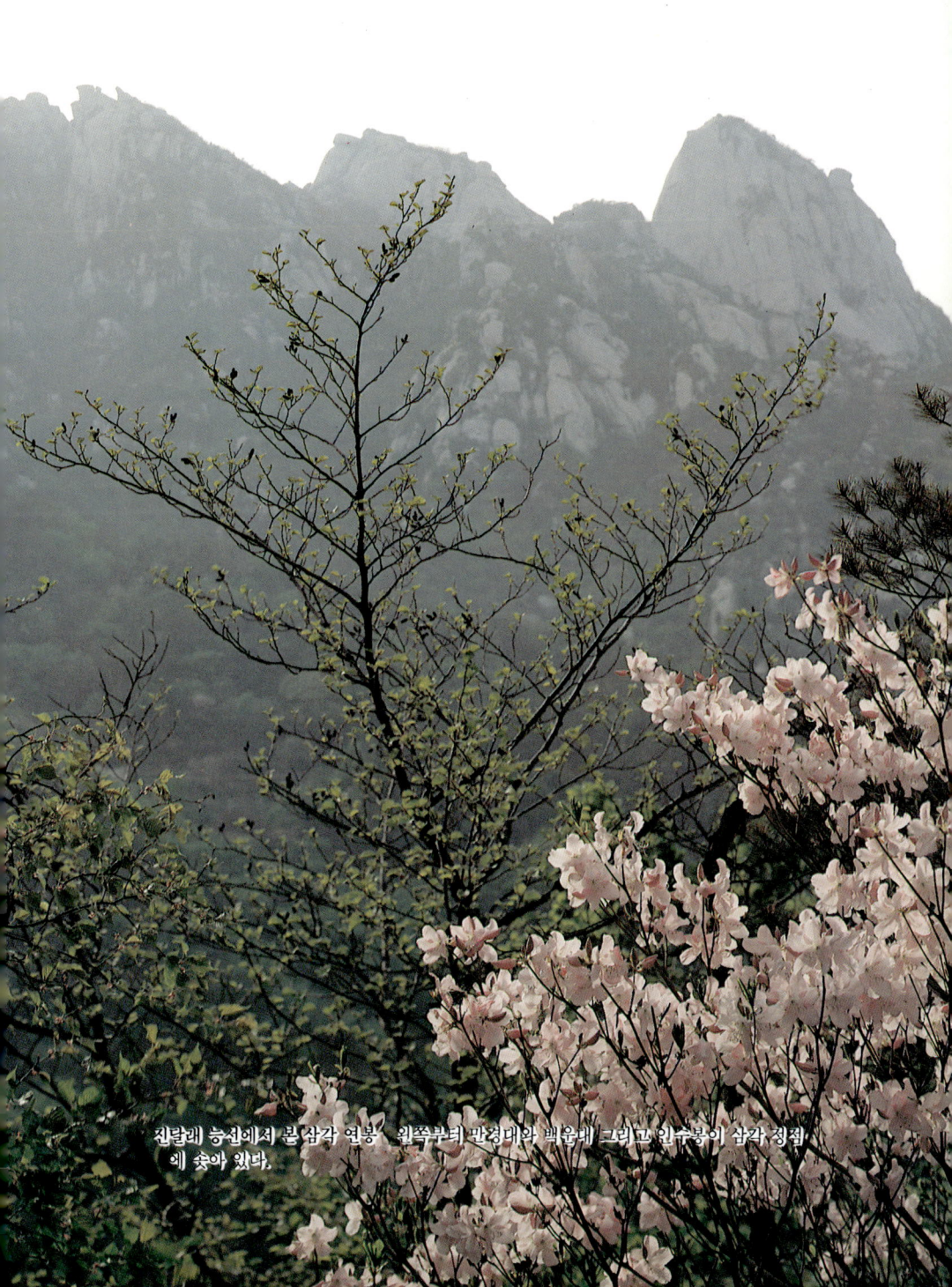

진달래 능선에서 본 삼각 연봉. 왼쪽부터 만경대와 백운대 그리고 인수봉이 삼각 정점에 솟아 있다.

서 올려다보게 되면 북한산은 그 산정을 향해 기어 올라오는 어떤 것이든 용납하지 않겠다는 굳은 결의로 쌓아 올린 바위 성채의 모습을 띠는 것이다.

그런 바위 성채는 찌를 듯한 양기를 하늘로 피워올리고 있는 백운대 일대에서 삼각 방어선을 구축한다. 백운대를 에워싼 인수봉과 만경대의 군건한 삼각 기상으로 일찍이 북한산은 삼각산으로도 불려 왔다. 북한산 속에 있는 대개의 도량들이 삼각산 품속에 터를 잡고 있음을 그 일주문에 기록하고 있다. 예를 들면 '삼각산 대도선사'라는 식이다. 또한 병자호란 때 청으로 볼모로 잡혀간 김상헌도 "가노라 삼각산아 다시 보자 한강수야……" 하며 한양과 북한산을 떠나는 이별을 노래하고 있다.

삼각산이라는 북한산의 별명은 이 산의 삼각 지형에 연유하고 있음이 자명하다. 조선시대의 문헌은 약속이나 한 듯 북한산을 삼각산이라 부르고 있다. 그러나 「세종실록지리지」에는 "한성부는 본래 고구려의 남평양성이었고, 일명 북한산군(北漢山郡)인데…… 근초고왕 24년에 남평양성으로 도읍을 옮겼는데 북한성(北漢城)으로 부른다"는 기록이 있다. 그것으로 보아 북한산이라는 지명이 백제시대에도 있었을 가능성을 배제할 수는 없겠다.

「동국여지승람」에는 북한산의 옛 지명에 관한 언급이 많다. 그 책에는 "삼각산은 양주 경계에 있는데 화산(華山)이라고 하며, 신라 때에는 부아악(負兒岳)이라고도 하였다. 평강면의 분수령에서 잇달은 봉우리와 첩첩한 산봉이 굴곡을 이루면서 구불구불 돌아 양주 서남쪽에 와서 도봉산이 되고 또 삼각산이 되니 실로 경성의 진산(鎭山)이다. 고구려 동명왕의 아들 비류(沸流)와 온조(溫祚)가 남쪽으로 내려와서 한산(漢山)에 이르러 부아악에 올라 살 만한 땅을 찾은 곳이 바로 이 산이다"라고 나와 있다.

「북한지(北漢誌)」에는 "삼각산은 인수봉, 백운봉, 만경봉의 세

봉우리가 우뚝 서서 깎아 세운 삼각과 같다 하여 이러한 이름이 붙은 것인데, 일명 화산(華山) 또는 화악(華岳)이라고도 한다"는 기록이 있다.

이런 문헌에 나오는 부아악, 화산, 한산 등의 이름에 관한 유래는 정확하게 밝혀지지 않고 있다. 다만 이런 이름들이 모두 본래의 우리말 이름을 한문자로 차음(借音) 표기하는 과정에서 그 뜻과 글이 변했다고 보는 설이 유력하다.

북한산의 남성 상징인 인수봉은 그 턱밑인 깔딱 고개에서 '불알'처럼 보인다고들 한다. 그 불알이 부아(負兒)—불(火)—화(火)—화(華)로 변천하여 북한산이 '화산'이 되었다는 견해가 그것이다. 여기서의 '불알'은 남성의 상징일 뿐 아니라 최남선 등이 주장하는 '불함(不咸) 문화'의 '불함'과도 관계가 있다는 해석도 있다. 그런 맥락에서 고대 한민족의 종교적 상징 체계로서 그 인수봉의 '거석'은 '불함'인 '불알'이 될 수도 있겠다. 그렇게 볼 때 이 북한산을 둘러싼 삼국시대의 치열했던 전쟁이 군사적, 정치적 목적만이 아닌 종교적 상징을 제것으로 삼기 위한 일종의 종교 전쟁으로 전개되었을 가능성도 무시할 수 없을 것이다.

지명 연구가 배우리 씨는 북한산의 순수 우리말 이름이 '부루칸모로'였다고 주장한 일이 있다. 그에 의하면 '부루칸모로'는 예부터 산을 신처럼 숭상해 온 사람들에 의해 구전되어 왔다는 것이다. 그 '부루'는 '산신'의 옛말이며 '칸'은 '크다' 또는 '으뜸'의 뜻을 지니며 '모로'는 '산'의 옛말이다. 그러니까 '부루칸모로'는 '산신령의 산'이라는 뜻이 된다. 배우리 씨의 이러한 주장은 음운학적인 해석보다는 산을 신령스럽게 대하려는 우리 고유의 민속 신앙으로 더욱 두터운 공감대를 형성하는 바 있다.

북한산이라는 이름의 유래는 분명히 밝혀질 수 있다. 북한산은 한산(漢山)에서 유래한다. 한산은 '큰 산'이라는 뜻의 '한산'을 한자

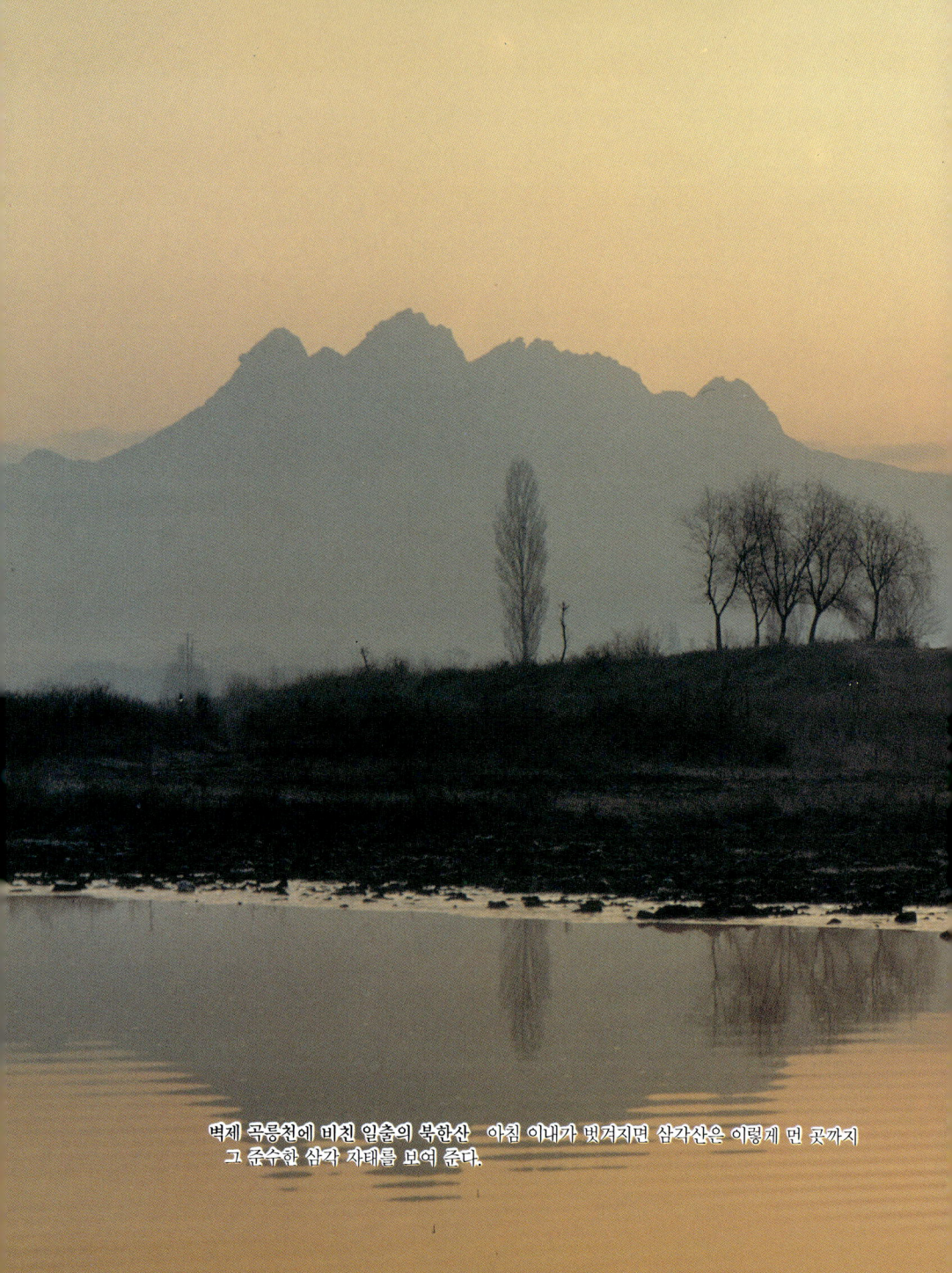

벽제 곡릉천에 비친 일출의 북한산 아침 이내가 벗겨지면 삼각산은 이렇게 먼 곳까지
그 준수한 삼각 자태를 보여 준다.

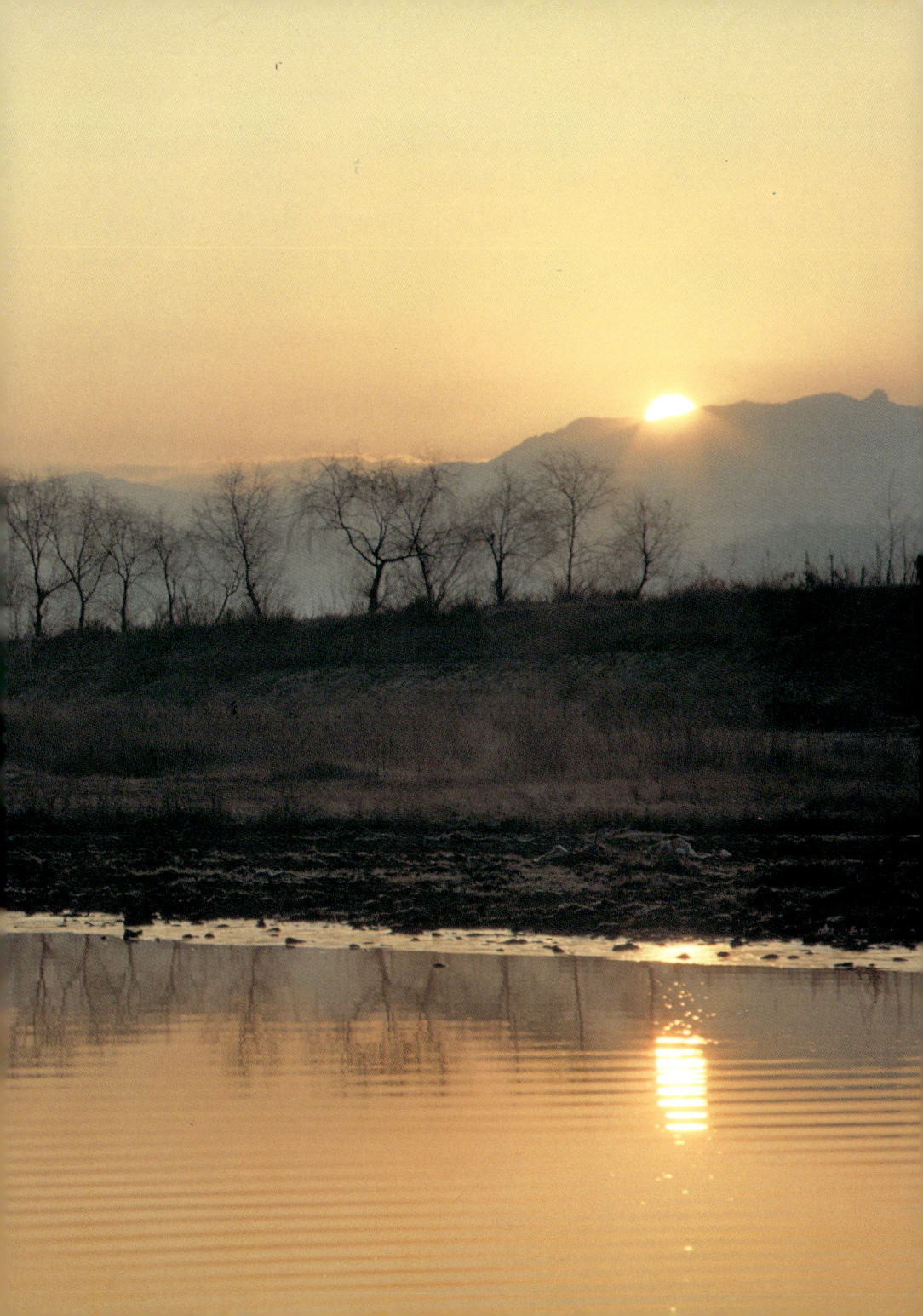

에서 차음하여 쓴 이름이다. 그것은 이 산 아래의 도읍을 한양이라 불렀고 그 한양으로 흘러드는 강을 한수 그리고 도성을 한성으로 불렀던 것으로도 분명해진다. 그 한산이 한양 남쪽에 남한성이 생기면서 그것과 구분짓기 위해 그 한수 북쪽에 있는 방향을 고려하여 북한산으로 명명한 것으로 보인다. 그것은 「삼국사기」 내용 가운데에 강남북에 모두 '한산' '한성'의 지명이 나오는 것으로도 알 수 있다. 백제가 강남쪽으로 옮긴 뒤에는 신도읍지의 한성, 한양과 구별하기 위하여 북(北)자를 그 앞에 붙여 북한산, 북한성으로 부르게 된 것으로 유추된다.

북한산이 삼각산이라는 별칭을 누르고 본명을 되찾게 된 계기는 무엇보다도 북한산성 축성에 있다. 그 자연의 성채에 산성이 쌓여지며 북한산은 영원히 '북한산'된 조건을 완성시킨 것이다.

북한산성이라는 폐곡선이 생겨나기 전에는 북한산에 안팎이라는 개념이 없었다. 뿐만 아니라 당시의 북한산 체험은 '구멍 체험'일 수도 없었다. 그것은 순수한 '거석 체험'이었다. 그런 순수 거석 체험은 그 산을 오른 사람에게 야망을 키워 준다. 발기하는 양기 그대로 그 거석을 바라보는 가슴에 천하를 내 품에 안아 보겠다는 야심을 키우게 되는 것이다. 그런 역사의 영웅 호걸들이 찾는 발길로 북한산성 축성 이전의 북한산 가는 길은 다져졌다.

북한산을 처음 올라간 기록은 「동국여지승람」에 고구려 동명왕의 왕자인 온조와 비류의 북한산 등행으로 나타나고 있다. 그러나 온조와 비류가 북한산의 어떤 봉우리에 올라 무엇을 보았는지 지금은 알 길이 없다. 그리고 삼국시대에 활약한 신라의 여러 화랑들과 고구려와 백제의 젊은 사자들이 비록 전쟁 탓이었겠으나 이 산기슭을 피땀 흘리며 오르내렸을 것이다. 그 당시에 이미 백제가 북한산에 산성을 쌓았다는 기록이 있다. 그리고 그 전쟁의 승리자가 된 신라의 진흥왕은 비봉에 올라 그곳에 진흥왕순수비를 세웠다. 국보

제3호로 지정된 그 순수비는 지금 국립중앙박물관으로 옮겨졌다. 그 비가 있던 자리에는 모형의 유지비만 세워져 있다.

북한산을 차지하면 천하를 얻었다

삼국시대 때부터 중원을 차지하는 데 있어서 북한산 일대는 국토 방위 개념상 가장 중요한 요충지로 인식되었다. 그래서 당시부터 '북한산을 얻는 자는 이 땅을 얻는다'라는 설이 널리 유포되었다. 그만큼 바위성을 이룬 북한산의 자연 장벽은 적국의 침입으로부터 사직(社稷)을 지킬 수 있는 금성 철벽으로 인식되었던 것이다.

국가 방위상의 유리한 지형 때문에 삼국시대부터 이 지역을 차지하려는 전투가 치열하게 벌어졌다.

「삼국사기」에 의하면 백제 4대왕인 개루왕 5년(132)에 북한산성을 쌓았다는 기록이 나온다. 당시 북한산은 백제의 대북방 전진 기지였다. 백제 13대왕인 근초고왕은 북한산 일대에 머물면서 3만 대군을 이끌고 고구려의 평양성까지 진격하여 고국원왕을 참살하는 전공(戰功)을 올리기도 했다. 그 뒤 백제는 고구려 20대 장수왕의 남하 세력에 밀려 한강 유역을 모두 빼앗겼다. 그리고 개로왕은 그 싸움에서 전사하였고 도읍을 웅진으로 옮겨야만 했다.

한강 유역과 북한산성의 실지 회복을 노린 백제 26대 성명왕은 신라 진흥왕과 연합 전선을 펴고서 한때 그 뜻을 이루기도 했다. 하지만 그 뒤 신라가 이 지역을 탈취하여 북한산은 다시 고구려의 남하 정책과 신라의 북진 통일 정책이 맞붙은 최전방의 격전장이 되었다. 그 가운데서도 신라 진평왕 25년과 고구려 무왕 원년에 있었던 양국의 전투는 아주 치열했다. 이때 신라군은 20여 일 계속된 고구려의 맹공을 북한산성을 끝까지 지킴으로써 물리쳤다.

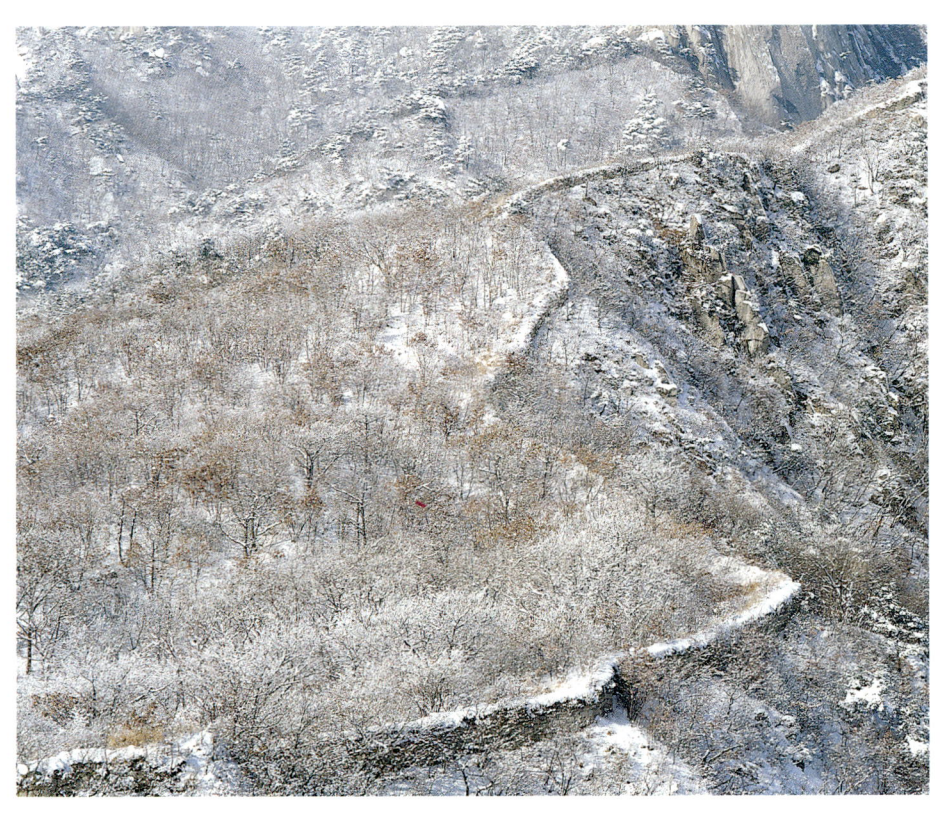

북한산성 겨울철에 더욱 두드러지는 북한산성은 북한산의 분수령을 따라 조선조 숙종 때 8킬로미터 길이로 축성되었다.

신라의 북한산성 성주 동타천을 중심으로 한 수성군의 성공적인 방어전은 우리나라 수성(守城) 전사상 가장 뛰어난 전공의 하나로 평가되고 있다.

고려시대에 들어서도 북한산의 '거석 체험'은 지속되었다. 고려조도 북한산성의 중요성을 감안하여 우왕은 서울 방어군을 풀어 노적봉을 중심으로 중흥동 석성을 쌓았다는 기록이 있다. 「동국여지승람」에는 "중흥동석성 재중흥사북 주구천사백십칠척(重興洞石城在重興寺北 周九千四百十七尺)"이라는 기록이 나오는 것으로 보아 조선조 후기까지 중흥사 북쪽에 중흥동 석성이 남아 있었음을 알 수 있다. 주위가 9,417척이면 그 규모가 대단치는 않다. 이를 영조척(營造尺)으로 환산하면 2,900미터에 달한다. 그 뒤 고려의 중흥동 석성은 자취도 없이 사라졌다.

북한산 둘레에 숱한 암자를 세운 수대(秀臺), 탄연(坦然), 도선(道詵) 등의 스님들이 북한산을 올랐고 조선조 태조 이성계도 왕이 되기 전 잠저(潛邸) 시절에 북한산을 올랐다 한다. 이성계로부터 천도의 명을 받았던 무학 대사도 북한산을 올랐다. 그가 오른 봉우리에서 나랏일을 생각했다 하여 만경대를 국망봉으로 부르기도 한다. 또한 세조는 보현봉에 즐겨 올랐다 한다. 보현봉은 세종의 명으로 세조와 안평 대군 그리고 다른 유신들이 올라가 그곳에서 해의 출입을 관찰했던 곳으로도 유명하다.

여러 선인의 그런 북한산 체험 가운데에서 가장 눈에 들어오는 '거석 체험'의 전형은 이성계의 북한산행이다. 북한산 기슭에 살던 모든 소년들이 북한산을 처음 겪었을 때, 그들의 시야에 신천지가 북한산의 '남성 발견'과 더불어 열렸듯, 이성계도 그 '거석'에서 뿜어 나오는 웅지가 담긴 기개를 천하에 포효했다. 산 너머 세계에 있을 천하를 모두 얻겠다는 기개를 '등백운봉'에 담아 이성계는 이렇게 읊었다.

덩굴 휘어잡고 상상봉에 올라가니
조용한 암자 한채 구름 속에 누웠구나
눈앞에 보이는 땅이 내것이 될 양이면
초월(楚越) 강남(江南)인들 어이 가지 않으리.

그런 기개를 노래한 한 산사나이에 의해 조선조가 열렸다. 배산임수라는 풍수설을 좇아 한강 이북의 북한산 기슭에 도읍을 정한 조선조는 '등잔 밑이 어둡다'는 격언에 따라 북한산의 방어 전략적 가치를 인식하지 못했다.

그것은 조선조 들어 한동안 북한산성 수축(修築)의 필요성조차 언급되지 않았다는 사실로 입증된다. 조선조에 들어 동북아시아의 한·중·일 사이에 국제 질서가 어느 정도 안정 국면에 들어가 앞날을 길게 내다보는 방어 전략을 세우지 못했다. 더불어 한양 도성, 남한산성, 강화 문수산성이 먼저 수축되어 그런 성을 방어 기지로 인식하며 북한산성의 중요성이 부각되지 못했다.

여기서 우리의 슬픈 근대사는 다시 한번 헛다리를 짚게 되는 자충수(自充手)를 둔다. 북한산성과 같은 천혜의 방어 기지가 필요했던 임진년과 병자년의 두 난리를 굴욕적으로 치르고 나서야 북한산에 성을 쌓아야 한다는 늦은 깨달음이 든 것이다. 소 잃고 외양간 고친다는 속담이 이만큼 더 어울리는 경우가 있을까.

난리를 몇 번이나 치르고서도 조정은 쉽게 정신을 차리지 못했다. 그래서 산성 쌓는 문제를 놓고서 7년 동안이나 논의가 지속되었다. 그러나 정작 숙종의 결심으로 축성 사업이 시작되었을 때 그 대역사는 놀랍게도 6개월 만에 끝나 버렸다. 그 역사에 동원된 군사들과 만백성들이 요즘 알피니스트(Alpinist)처럼 산을 가뿐하게 탔을 리도 만무하다. 그럼에도 이토록 짧은 기간에 20여 리 길이의 축성 작업이 마무리된 까닭은 북한산이 가진 천연 요새의 기막힌

여건 덕이다. 여기서는 타원을 이룬 분수령의 용틀임을 따라 그 능선에 약간의 석축만 쌓고 고갯마루에 성루를 쌓아 올리는 작업 정도로 훌륭한 방어 기지를 만들 수 있었던 것이다. 그리고 약간 긴 성을 쌓아서 한쪽만 터져 있는 서쪽의 수구만 막아 주면 그만이었다. 그 수구 위치에 대서문이 세워진 것이다.

숙종은 유사시를 대비해서 그 북한산성 속에 또 하나의 성을 쌓고 한양을 축소시킨 하나의 나라를 세워 놓았다. 한양이 적의 수중에 들어가 나라가 뒤집혀질 경우 조선의 왕은 북한산성의 '구명 체험'을 통해 나라를 정상적인 위치로 도로 뒤집어 놓게끔 북한산에 준비를 갖춰 놓은 것이다. 그러나 역사는 그렇게 흘러가지 않았다. 이 성을 한번도 써 먹지 못하고 나라를 일본에 빼앗겨 버리는 굴욕의 역사가 북한산성을 기다리고 있었다.

1907년 8월에 일본군에 의해 한국 군대가 강제 해산되었다. 당시의 한국군의 규모는 친위대와 시위대를 통틀어 8,800명 정도였다고 한다. 군대 해산은 곧 한일합방으로 이어졌고, 해산된 군인들은 때로 자결하기도 하고 북녘으로 피신하여 간헐적으로 일본군에 저항하기도 했다.

그런 시점을 돌이킬 때 가장 안타까운 일 가운데 하나가 북한산성이 갖는 방위 전략적 가치이다. 왜 해산된 한국군은 그런 일을 대비하여 1711년에 완성시켜 둔 북한산성으로 피신하여 일본군과 대항하지 못했을까. 역사에 가정이 있을 수 없다고는 하지만, 만약 그렇게 북한산성으로 들어가서 적극적으로 저항하며 일본군과 대규모 전투를 치렀다면 우리의 근현대사는 상당히 다른 방향으로 전개되었을 것이다.

당시 한국군의 수뇌들이 항일전에서 전략적 가치가 높은 북한산성을 떠올리지 못했다는 점이 더없이 아쉬운 것이다. 그것은 당시 대한제국을 이끌고 있던 조정의 국토 인식 수준이 어느 정도에 머물

렀는가를 단적으로 말해 준다. 그들의 도읍을 500년이나 지켜 온 북한산이 그 품에 하나의 사직을 간직할 최소 최적의 여건이 마련되어 있음을 망각했던 것이다.

북한산성의 전략적인 가치를 제대로 평가한 쪽은 일본군이다. 그들은 한일합방 뒤 북한산성에 곧바로 일본 헌병대를 주둔시켰다. 제3공화국 시절 김신조 일행이 이 산성 기슭을 따라 그 삼엄한 경계를 뚫고 청와대까지 침투한 놀라운 사건이 발생했었다. 그 점을 상기한다면 청와대나 경복궁 또는 옛 중앙청으로 연결되는 북한산 용틀임의 맥이 전략적으로 얼마나 중요한 혈에서 혈로 연결되어 있는지를 소스라치게 알 수 있게 된다.

그럼에도 구한말 북한산성에는 독립군은 눈 씻고 찾아볼 수 없었고, 일본 헌병들만 득실거렸다. 독립군이 북만주 벌판으로 헤매는 동안, 일본인들은 서울 방어의 혈인 북한산을 차지하고 있었다. '북한산을 차지하면 이 땅을 차지한다'는 전래의 예언을 우리가 잊고 있는 동안에도 일본인들은 이 땅을 철저히 연구하고 분석하여 제대로 파악하고 있었던 것이다. 우리는 북한산에서 독립군이 일본인을 상대로 전투를 벌였다는 역사 기록을 갖고 있지 못하다. 일본인은 이곳에 군대만 두지 않았다. 그들은 북한산의 정기를 끊어 놓으려는 정치 심리전의 발상으로 노적봉, 백운대, 만경대 등의 정수리에 신주 (新鑄)로 만든 못침을 박아 놓았다.

1980년대에 들어서야 몇몇 뜻있는 사람에 의해 뽑혀지기 시작한 이 못침이 박혀진 1920, 1930년대를 전후하여 하나의 산국을 이뤘던 북한산은 한민족 역사의 조락에 휩싸여 폐허의 내리막길로 접어들었다. 자연 재해마저 겹쳐 1925년에는 대폭우가 쏟아져 산성 계곡에 남아 있던 많은 유적이 홍수에 휩쓸려 가는가 하면 산사태에 묻혀 버렸다. 그리고 이 땅을 온통 전화(戰禍) 속으로 몰아세운 분단 시대의 비극은 그나마 남아 있던 산성의 유적을 모조리 불태워 버렸

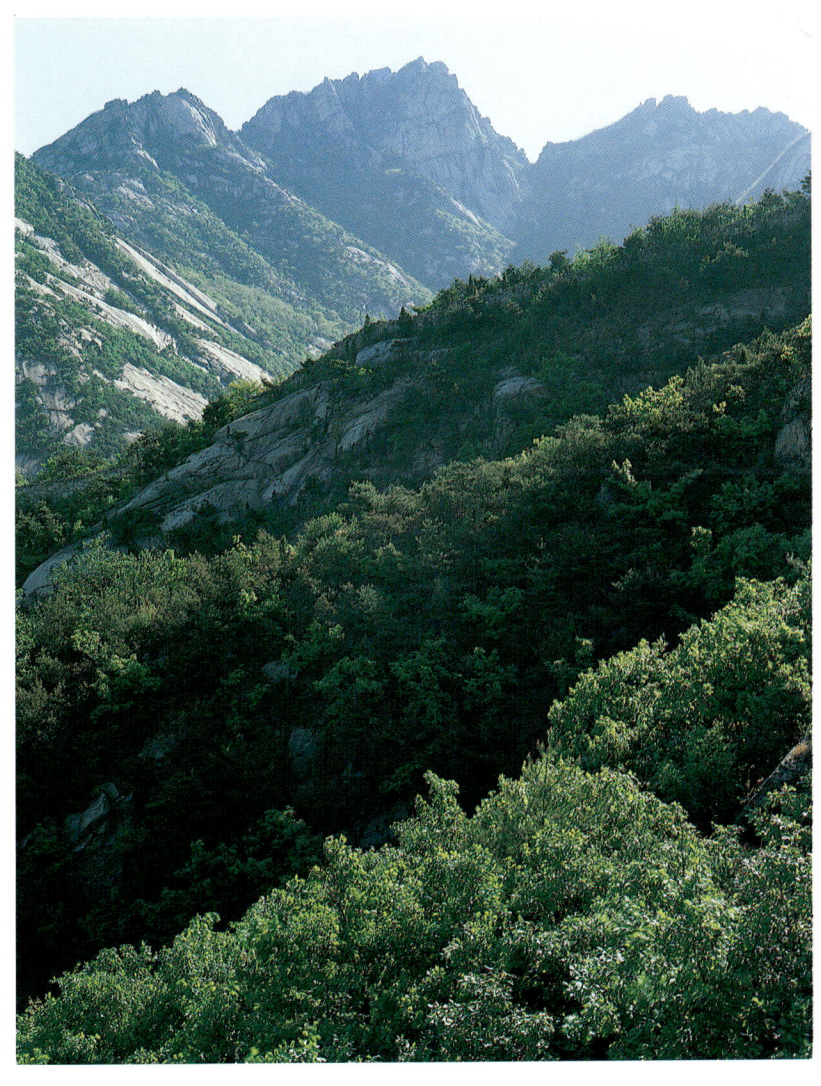

초여름의 북한리 골짜기　백운대와 그 오른쪽 만경대 사이에 깊숙히 패인 고갯마루에 위문이 있다.

을 뿐만 아니라 사람까지 태웠다. 북한리 주민들은 1·4후퇴 직전에 미군이 놓은 덫에 빠진 인민군 천수백 명이 북한산성 속으로 들어갔다가 몰사했다고 증언한다. 그 깔대기 지형 속에 인민군을 가둬 놓고 원효봉과 의상봉 능선에서 기관총으로 갈기고, 용산에서 쏜 장거리포가 떨어지고 비행기들이 융단 폭격하는 바람에 그 속에서 아우성치던 북녘의 젊은이들은 산성 안의 유적들과 함께 초토화된 것이다.

외적 침입에 대항하기 위해 쌓은 산성을 한번도 써 먹지는 못하고 그 뒤에 우리 민족이 도로 갇혀 외국인이 쏘아대는 총탄에 맞아 통한의 숨을 거둬야 했던 역사의 모순된 비극을 우리는 어떻게 극복해야 할까. 이것은 불과 40년 전의 일이다. 그때 생긴 해골이 1960년대 초반까지도 북한산성의 무심한 잡풀 속에서 발길에 채이기도 하여 사람을 놀라게 했다. 해골을 주워 집에 가져갔던 사람도 더러 있다. 그 해골에 패인 빈 동공—그것이 바로 오늘날 북한산에 구멍만 남겨 두고 있는 북한산성의 잔해이며 역사적 의미이다. 그 해골의 주인은 이 세상에 없다. 그의 넋은 자신 동공의 구멍을 통과하여 하늘로 올라가 버렸다. 그런 구멍이 북한산에는 12개가 남아 있다. 그런 점에서 요즘 북한산은 12개의 동공을 가진 해골 같기도 하다.

북한산의 축성

북한산에 산성을 쌓은 일은 그 속의 산국(山國)과 그 바깥의 하계(下界)를 구분하게 된 북한산 역사의 대전환점이 되었다. 조선조 초기에 축성론은 전혀 거론되지 못했지만 고려 고종 때는 중흥산성 일대에서 몽고군과 격전이 벌어진 적이 있고, 고려 현종 때는 거란의 침입을 피하여 이 산성 속에 고려 태조의 재궁(梓宮)을 옮겨

지은 일도 있었다고 한다.

북한산성의 전략적 가치는 삼국시대부터 인정되어 왔음에도 조선은 임진왜란과 병자호란으로 혼쭐이 나고서야 본격적인 축성 논의에 들어간다.

임진왜란 때는 왕과 조정이 종묘 사직과 백성을 버리고 엉겁결에 평양과 신의주로 피난갈 수밖에 없었으며, 병자호란 때는 군신 모두가 남한산성으로 들어가 항쟁했다. 그러나 남한산성에서 인조는 항전을 포기하고 오늘날의 송파인 삼전도에 나와 청태조에게 '삼배구고두(세 번 절하고 아홉 번 머리를 땅에 찧는 것)' 하는 치욕적인 항복을 해야만 되었다.

임란이 끝나갈 무렵 선조는 재위 29년인 1596년에 왜의 재침에 대비한 북한산성의 축성을 계획한 바 있다. 북한산의 옛 중흥동 석성 자리에 성을 쌓고자 했던 이 계획은 전시중이었으므로 여건이 허락치 않아 무산되고 말았다.

효종에 의해 축성론이 다시 제기되었다. 병자호란으로 심양에 인질로 끌려간 적이 있는 효종은 북벌론을 꾀하며 북한산에 성을 쌓기로 결심했다. 그러나 효종의 갑작스런 죽음으로 이때의 축성론은 논의 단계에 그쳤다.

그 뒤 숙종이 즉위하여 축성 논의는 본 궤도에 올랐다. 축성론이 제기된 그 시점에 청은 조선에 청병할 기미를 보였었다. 그러나 조정에서는 명에 대한 의리를 내세워 청에 대한 병력 지원은 불가능하다는 결론을 내렸다. 그 청병을 거부할 경우, 청의 재침을 우려할 수밖에 없었다. 북한산 축성론은 그 청의 재침 우려를 대비하여 숙종 때 본격적으로 거론된 것이다. 축성론이 강력하게 부각된 배경에는 울릉도와 독도의 분쟁으로 대왜 관계가 험악해지는가 하면 바다에서 해적들이 창궐(猖獗)하는 등 조정을 불안케 하는 상황이 끊임없이 전개되었다.

북한성도(규장각 소장)

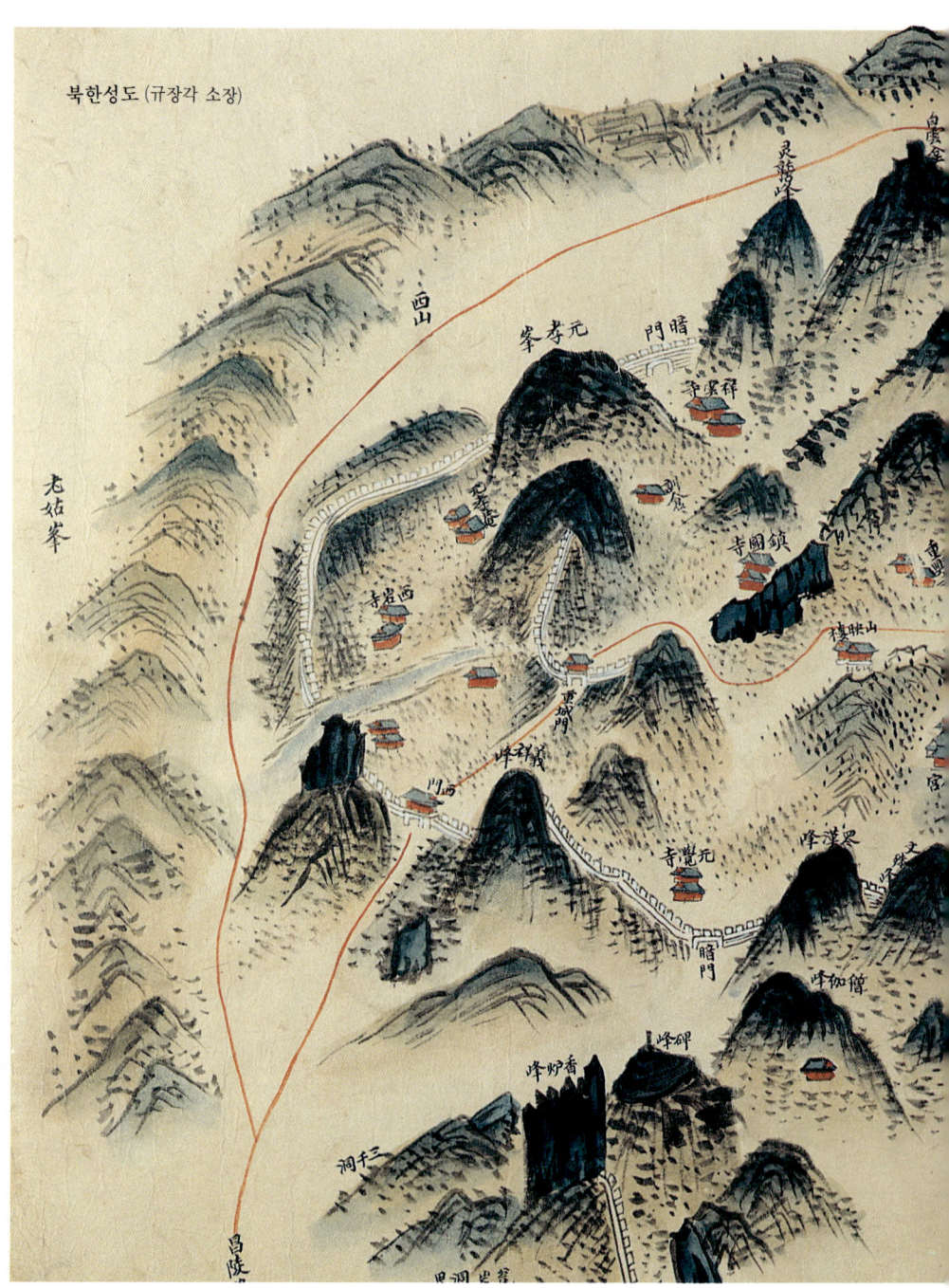

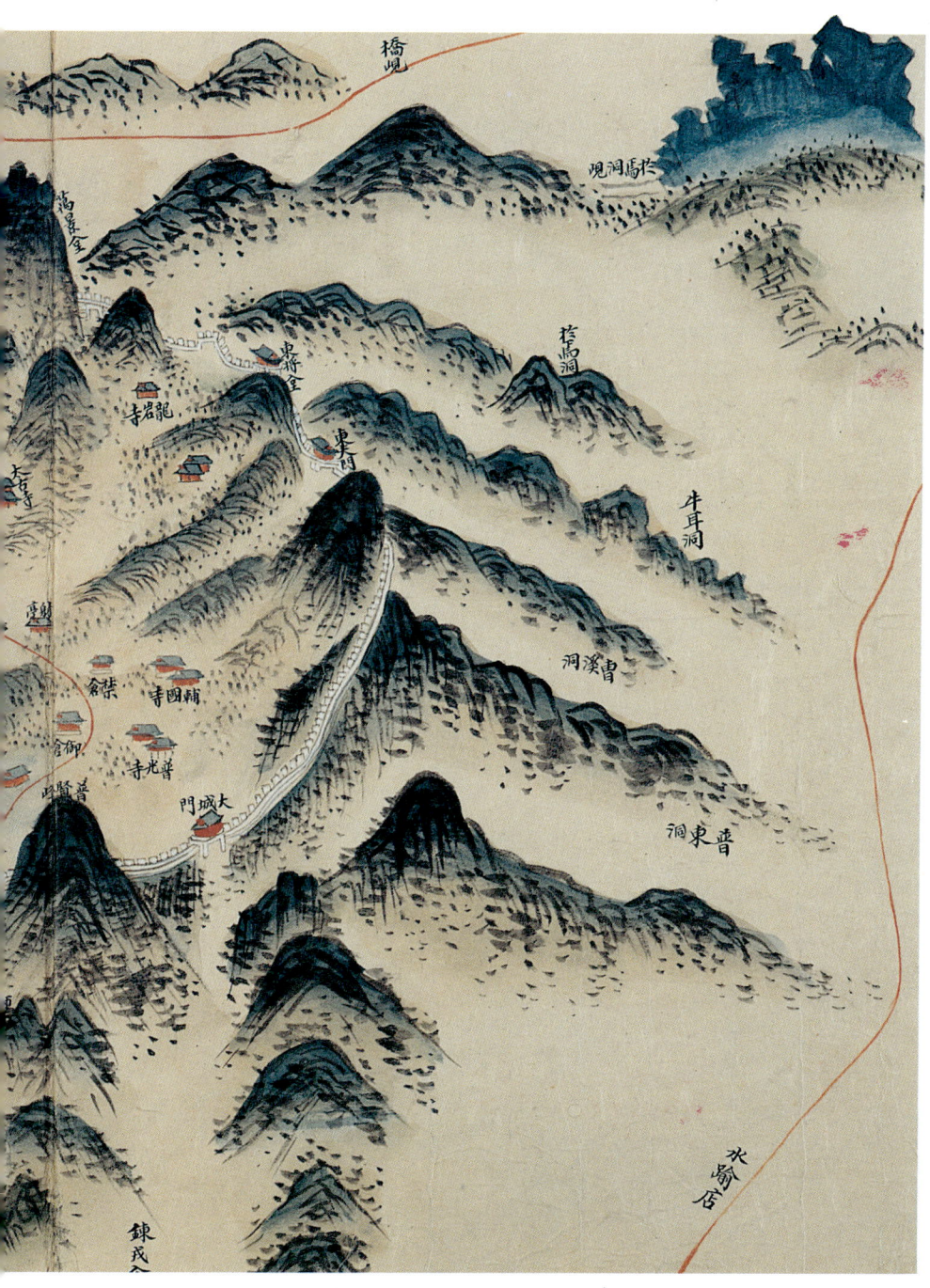

橋峴

佐馬洞

馬觀洞

栲馬洞

牛耳洞

高峯金

東將金

寺龍

曺溪洞

大口

東門

普東洞

佛國寺

御倉

普光寺

大城門

鍊戌金

水輸店

이에 우의정 신완(申琓)은 국가 당면 정책으로 북한산성 수축 문제를 숙종 28년에 건의했다. 그는 북한산이야말로 강을 건너야 하는 강화도나 남한산성과는 달리 백성과 식량, 군자재 등과 함께 피란할 수 있는 최적소임을 강조하며 도성이 함락하더라도 북한산성에 들어가면 외적과는 지구 항전이 가능함을 상소했다. 그러나 축성 계획이 수립되어 성을 쌓는 데 필요한 돌을 뜨는 단계에서 축성 반대론에 부딪쳤다.

반대파들은 도성 가까이 큰 성을 새로 쌓는 일로 청의 오해를 사는 불미스런 사태를 우려했으며, 국가 재정의 궁핍으로 축성 자체가 불가함을 이유로 내세웠다. 또한 풍수지리설에 기초한 반대 의견도 만만찮았다. 그들은 축성에 필요한 돌을 북한산에서 파내게 되면 경복궁이 자리잡은 북악의 모산인 북한산의 지맥이 끊어지는 불길한 사태를 우려했다. 이 풍수적 유해론 때문에 확고 부동했던 숙종의 의지도 무너져 축성은 일단 보류케 되었다.

「숙종실록」을 보면 숙종 36년 9월부터 축성이 결정된 이듬해 3월까지 북한산성 축성 문제를 두고서 왕과 대신 사이에 오고간 의견과 상소 내용이 나온다. 찬반론이 팽팽히 맞선 가운데 숙종의 뜻은 마침내 축성 쪽으로 기운다. 숙종은 이렇게 말한다.

"북한산은 곧 온조의 옛 도읍이며 도성 또한 지극히 가깝다. 염려되던 물도 산성 안에는 넉넉하다고 하니 지금 축성하는 것이 옳다. 큰 계획이 이미 정해졌다면 재력(財力)의 많고 적음은 문제될 것이 없다. 그곳의 돌을 이용해서 쌓으면 어찌 많은 비용이 들겠느냐."

하지만 형조 참판 조태노(趙泰老)는 끝까지 축성 불가를 호소했다. 그는

"북한산의 험한 지형은 의지하기에 넉넉합니다만 남한산은 밖은 험악해도 안은 평탄한 데 비해, 이곳은 안쪽 또한 한쪽으로 경사

져서 통행이 쉽지 않습니다. 궁궐과 창고를 지을 자리가 마땅치 않으며 백관과 군졸이 들어가 머물 곳도 없습니다. 더구나 도성이 이미 넓고 커서 방어하기가 어려운데 북한산에 들어가서 수비하면서 무슨 힘으로 두 곳을 함께 방어하겠습니까?"

라며 반대하는 뜻을 꺾지 않았다. 그러나 숙종의 축성 결심은 더이상 말릴 수가 없었다. 조태노의 반대 의사에 숙종은

"도성은 넓고 커서 수비하기가 어렵고, 남한산은 나루를 건너기가 어려우며 강화도는 얼음이 얼어 버리면 믿은 바가 물거품이 되고 만다. 오직 북한산만이 지극히 가까운 까닭에 유사 때에 백성들과 들어가 수비하려고 하니 군량을 조달하는 일 등은 먼 지역과는 달리 어렵지 않을 듯하다."

며 축성할 의지를 강력히 표명했다.

이리하여 조선조 들어 처음 축성 논의가 시작된 임진왜란으로부터 100년이나 지난 숙종 37년(1711) 4월 3일에 축성 공역이 시작되어 북한산 자연 성벽은 산성으로 연결되는 폐곡선의 역사로 접어들게 된다.

훈련도감, 금위영, 어영청의 삼군문에서 구역별로 분담한 이 대역사는 착공 6개월 만에 끝나 버렸다. 그해 10월 19일에 백운봉, 만경봉, 용암봉, 문수봉, 의상봉, 원효봉, 영취봉(일명 염초봉)을 잇는 자연 암릉 위에 길이 60보(步)에 이르는 북한산성이 올라앉게 되었다. 공역의 책임 당상(堂上)으로 전판서 민진후(閔鎭厚), 호조 판서 김우항(金宇杭), 행훈련원도정 김중기(金重器)를 임명하여 총지휘케 했다. 하지만 이들 조정 대신이 자신의 어깨로 무거운 돌을 지고서 북한산의 험한 산비탈을 탔을 리가 만무하다. 삼군문의 1,000여 병사들이야말로 그해 봄부터 여름을 지나 가을 바람이 불도록 모진 고초를 겪었을 것이다.

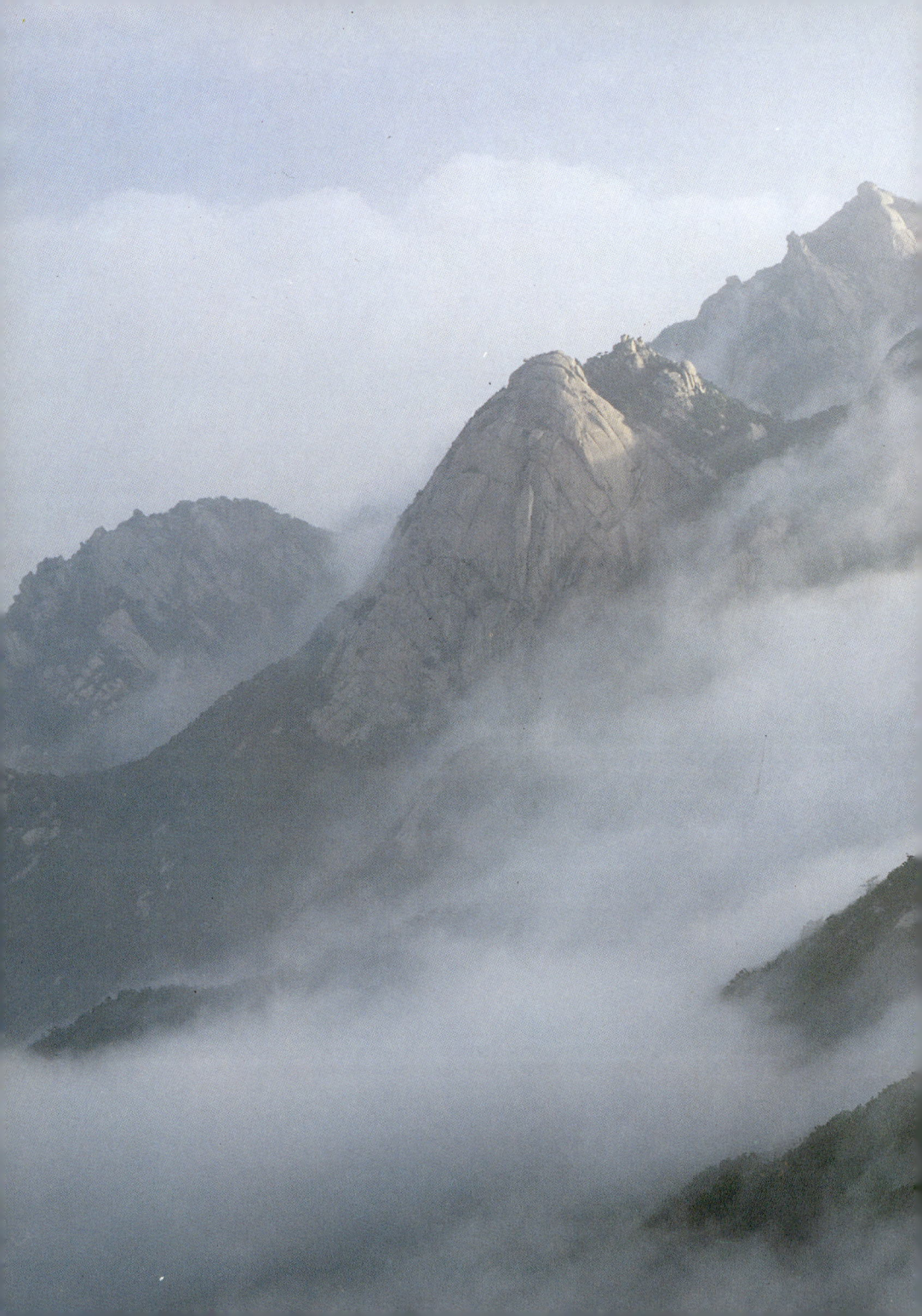

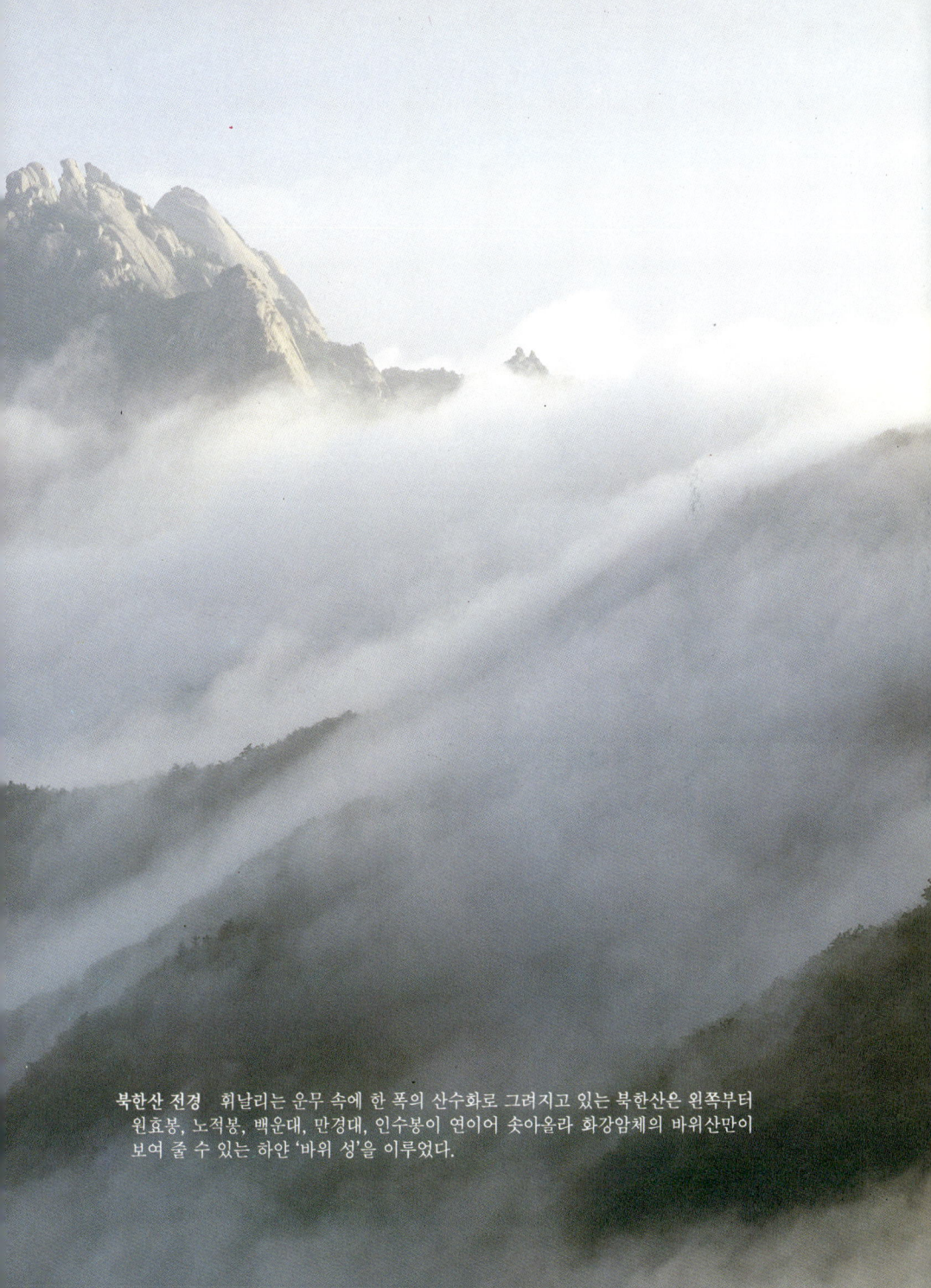

북한산 전경　휘날리는 운무 속에 한 폭의 산수화로 그려지고 있는 북한산은 왼쪽부터
원효봉, 노적봉, 백운대, 만경대, 인수봉이 연이어 솟아올라 화강암체의 바위산만이
보여 줄 수 있는 하얀 '바위 성'을 이루었다.

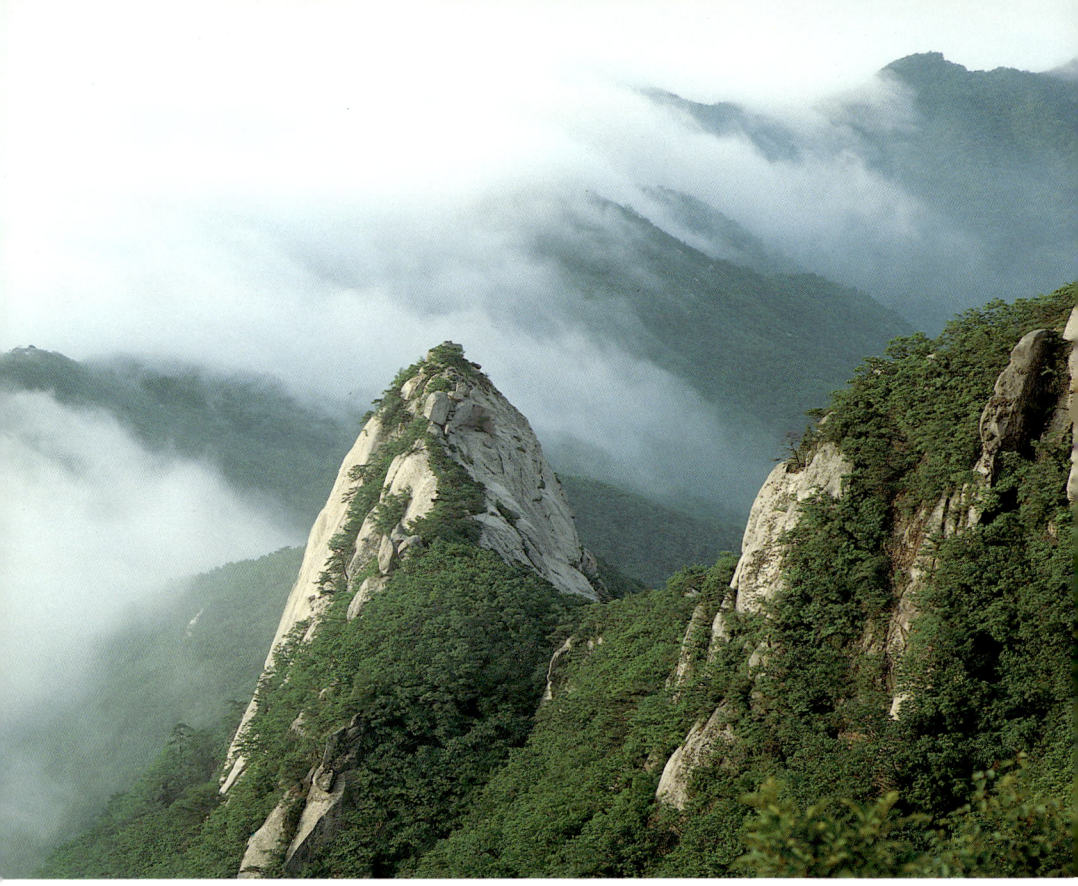

한여름의 만경대 암릉 암릉 끝에 병풍암이 솟아 있고 보현봉으로 이어지는 주릉에는 소나기 구름이 넘어 오고 있다.

　　그 공역에 동원된 주노동력은 모역군(募役軍)과 각종 공장(工匠) 노릇을 한 백성들이다. 그 역사에 참여한 연인원에 대한 기록은 없다. 하지만 이 축성 공역에는 쌀 16,381석, 무명베 767동과 돈 34,799냥, 정철 2,785근, 신철 229,126근, 석회 9,638석 그리고 숯 14,859석, 생칡 2,002동, 사승포 4동, 소모자 900립(立) 등이 소요되었다는 기록이 있다.

이런 기록을 참고할 때 취역에 동원된 장인과 일꾼은 수만 명에 이를 것으로 추산된다. 상상해 보라. 그 하얀색의 고의 적삼을 입은 우리의 선조 장정들이 북한산을 빙 둘러 에워싸고 6개월 동안 산성을 쌓는 작업을 벌이는 그 장관을…… 복더위에도 진행된 그 공사판에서 선조들이 흘린 땀의 양은 얼마나 될까. 그 땀의 결실로 만들어진 성문의 '구멍'을 들락거리는 오늘날 수백만 등산객이 북한산에서 흘린 땀의 총량은 축성 때 흘린 선조의 땀에 얼마만큼이나 갚음을 하는 것일까. 선조가 남긴 구멍에의 체험은 그 구멍으로 들어가고 나올 때 흘려야 하는 땀의 의미까지도 묻고 있다.

훈련도감에서는 수문 북쪽에서 용암문에 이르는 2,292보의 성축을 쌓았으며 금위영은 용암문 남쪽에서 보현봉까지의 2,821보, 어영청은 보현봉에서 수문 남측까지의 2,507보를 축성했다. 그렇게 분담하여 전장 7,620보의 체성과 2,807개의 성첩(城堞), 성문 12개, 수문 1개가 완성되었다.

숙종 37년에는 수문(水門), 북문(北門), 서암문(西暗門), 백운봉 암문(白雲峰暗門, 일명 위문), 용암 암문(龍岩暗門, 일명 용암문), 소동문(小東門), 동암문(東暗門), 대동문(大東門), 소남문(小南門), 청수동 암문(淸水洞暗門), 부왕동 암문(扶旺洞暗門), 가사당 암문(袈裟堂暗門), 대서문(大西門) 등 모두 13개의 성문을 축조했다. 그리고 그 3년 뒤에 중성(重城)을 축조하며 중성문(中城門), 시구문(尸柩門), 수문(水門) 등 3개의 문을 추가로 지어 모두 16개의 성문이 북한산에 생겨났다.

대부분의 큰 문은 출입구의 뒷부분을 둥글게 튼 홍예 모양을 하고 있어 북한산의 '구멍 체험'이 원형 체험으로 전환될 소도구 구실을 해준다. 암문은 출입구의 내외부가 네모난 형태의 평지(平支)식이 대부분이다. 외부는 홍예식이며 내부는 평지식으로 되어 있는 것도 있다. 그리고 가끔 앞뒤 홍예식인 문도 있다.

육축을 갖추고 홍예 형식으로 지어졌던 대서문과 대남문은 최근 들어 그 문루까지 복원되었다. 그러나 북문, 대동문, 대성문, 중성문에는 문루가 있었던 초석만 남아 있다. 서암문, 백운봉 암문, 용암 암문, 보국문, 청수동 암문, 부왕동 암문, 가사동 암문 등의 소규모 암문은 처음부터 문루가 세워지지 않았다.

이렇게 쌓아진 북한산성이라는 폐쇄 곡선은 지금 북한리 들목에 있는 대서문에서 닫히고 또 열린다. 때문에 이 문이 북한산성의 중심이 된다. 대서문은 홍예식에 문루를 갖추었다. 육축은 무사석(武砂石)으로 정교하게 수축하였다. 그러나 전쟁의 상흔이 여러 곳에 보이며, 내부 벽석은 균열이 심하다.

육축 위에는 몸을 숨기고 총포를 쏠 수 있는 문루여장(門樓女墻)을 전면에 10개 두었다. 일반 여장과는 다른 한 덩어리의 화강암으로 만든 평여장으로 총구가 아래로 향한 근총안(近銃眼)을 1개씩 둔 것이 특징이다. 이 대서문 아래 계곡에 수문이 있었다는 기록이 있다. 폭 50척(15.5미터)에 높이 16척(5미터) 규모의 큰 문이었으나 오래 전에 파손되어 자취를 찾아볼 수 없게 되었다.

을축년 대홍수와 시구문

북한리 주민들은 1925년 8월로 기억되는 대호우로 중성의 수문이 터지면서 밀려온 수압 때문에 아래쪽 수문도 터졌다고 말하고 있다. 북한리의 손은돌 옹(75세)은 "수문이 터졌다는 말을 듣고 개천에 나가 보니 떠내려온 성돌과 장대석이 즐비했다. 노적봉에서 사태가 일어나 중흥사 터에 있던 일본군 헌병대도 흔적 없이 사라지고 동장대를 비롯한 여러 건물과 시설이 무너졌다"며 '북한 사태'로 불리는 1925년 대호우의 피해 상황을 기억했다.

서암문은 수문에서 원효봉으로 오르는 해발 180미터쯤 되는 산기슭에 있다. 성 안에서 생긴 송장을 내보내는 문이라 하여 북한리 사람들은 이 문을 시구문(尸柩門)이라 부른다. 대서문과 마찬가지로 주변 지형이 낮고 험하지 않아 주변 성벽을 높게 쌓았다. 성문과 연결된 성벽은 'ㄱ'자 모양으로 돌출시켜 성문으로 접근하는 적을 측면에서도 공격할 수 있는 구조로 만들었다. 북문은 원효봉과 염초봉을 잇는 능선 사이의 고갯마루에 있다. 당초 홍예식에 문루를 갖춘 큰 문이었으나 문루는 오래 전에 소실되었고 상단의 장대석마저 무너져 내린 채 방치되고 있다. 상부 초석도 절반은 없어지고 5개만 위험한 상태로 서 있는 실정이다. 뼈다귀만 앙상한 유골 같은 몰골로 능선 위에 빈 구멍만 남겨 놓은 북한산성 문의 한 전형이기도 하다.

　위문으로 불리는 백운봉 암문은 백운대와 만경대 사이에 있다. 출입구는 네모난 형태이며 여느 암문과 마찬가지로 문루가 없었던 작은 문이었다. 출입문 주위는 비교적 양호한 상태를 유지하고 있으나 상단의 돌이 무너져 상당히 내려앉은 느낌을 준다. 백운대를 오를 때 백운 산장을 지나 10분쯤 올라가면 나타나는 이 문을 통해 많은 사람들이 북한산에서의 '구멍 체험'을 하게 된다. 고갯마루에 걸려 있는 이 구멍을 통과하게 되면 그 너머 북한산의 안쪽에 있는 북한리 일대의 계곡이 신천지로 펼쳐지는 까닭이다.

　용암문으로 불리는 용암 암문도 '구멍 체험'을 주는 대표적 성문이다. 우이동 도선사에서 용암봉으로 올라붙은 산등성이의 고갯마루에 언제나 빈 눈을 하늘로 향해 열어 두고 있는 성문이다. 이 성문은 도선사와 북한 산장과 노적봉으로 연결되는 길목으로 북한산 산행의 교통 요지로 꼽힌다. 이 일대의 수비를 위해 세웠다는 용암사(龍岩寺)의 유허지에는 무너진 탑과 석축만 남아 있다.

　진달래 능선을 타면 대동문으로 들어가게 된다. 4·19탑이 있는

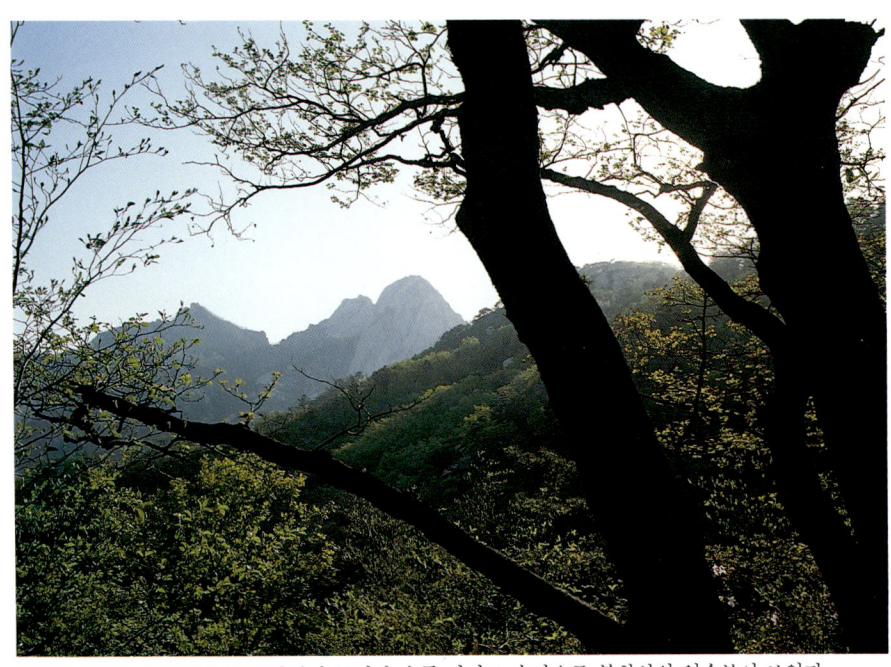

우이동 우이동 골짜기의 무성한 수풀 사이로 솟아오른 북한산의 인수봉이 보인다.

수유리 아카데미하우스로 들어가도 대동문에 이른다. 대서문 규모의 큰 문이다. 바깥쪽 육축은 심하게 벌어졌고, 안쪽의 상태는 양호한 편이다. 육축 위에는 1.4미터 높이의 초석이 7개 남아 있다.

정릉길로 북한산을 오를 때는 보국문에서 '구멍 체험'을 하게 된다. 보국문은 동쪽에 있던 암문으로 동암문(東暗門)이 본이름이며 문 아래쪽에 있었던 보국사로 인해 주로 보국문이라 불리고 있다. 성문과 천장 그리고 장대석이 완전히 노출된 정도로 훼손이 심하다. 휴일이면 장터를 방불할 정도의 인파가 붐빈다. 주변의 나무들도 많이 상하여 철시(撤市)한 장터같이 황량한 느낌을 준다. 보국문의 구멍으로는 그런 황량한 바람이 쉴 새 없이 오간다.

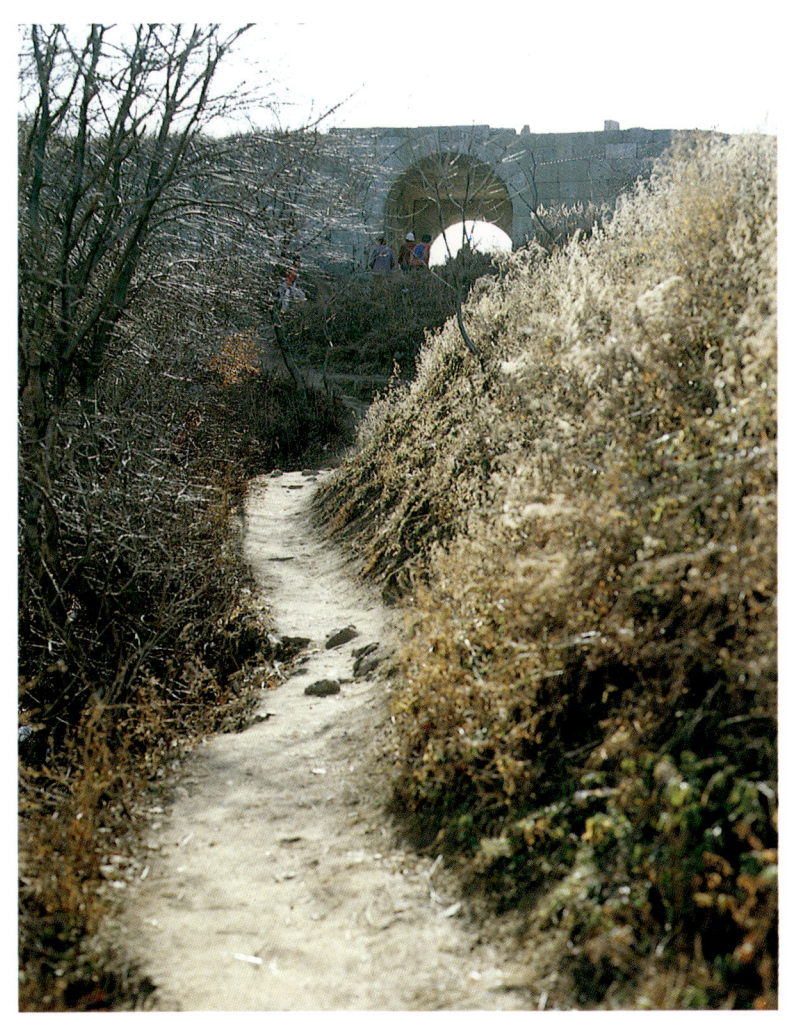

대성문으로 들어서는 오솔길 평창 계곡이나 정릉 계곡으로 입산하면 대성문을 거치게
된다.

대성문은 보현봉의 동쪽 어깨 위에 있다. 대남문과는 보현봉을 사이에 둔 대칭 위치이다. 북한산의 남쪽에 나 있는 구기동, 평창동, 정릉 쪽 등산로를 따르면 이 대성문과 대남문 가운데 어느 한 문으로 통과하게 된다. 그 '구멍 체험'은 북한산에서 가장 장쾌한 '거석 체험'으로 연결되기도 한다. 이곳에서 북한산이 그 전모를 가장 넓게 펼쳐 보이기 때문이다. 특히 노적봉이 그 발치까지 드러내는 완전한 모습을 보여 주며 그 뒤로 백운대의 남면이 800미터급 산이라고는 아무래도 믿어지지 않는 그 도저한 웅자를 드러낸다. 북한산에 사로잡혀 북한산을 벗어나지 못하는 사람을 수없이 만들어 낸 북한산 거석의 진경이 대동문과 대남문의 구멍을 통과할 때 펼쳐지는 것이다.

대성문은 북한산의 성문 가운데 가장 큰 규모이다. 보토현을 경유하여 경복궁과 북한산속의 궁인 행궁(行宮)을 연결시켜 주는 길목을 지키는 성문이어서 왕격에 어울리는 규모로 축조했던 것이다.

성 안쪽의 성돌과 장대석이 무너져 뒹굴고 있으며 그 일부는 비탈면에 계단을 받치는 돌로 이동되고 있는 실정이다. 육축 상단에는 10개의 단주형 초석 가운데 7개가 제자리를 지키고 있다. 초석 가운데 1개는 대성암 쪽 계곡까지 굴러가 있다.

대남문 일대는 아주 넓다. 백운대나 노적봉에서 남쪽으로 바늘 구멍처럼 보이는 작은 구멍이 바로 대남문이다. 대동문과 기능이나 구조가 닮은꼴이다. 육축의 마루는 판석으로 깔려 있으며 문루 기둥도 8각의 장주형으로 세웠다. 서울시에서 서울 정도(定都) 600주년 사업으로 1991년에 문루를 복원시켰다. 서울시는 연차적으로 대성문과 대동문의 문루도 복원시킬 계획을 세우고 있다.

보현봉에서 서북쪽으로 휘어지는 의상봉 능선에는 청수동 암문과 부왕동 암문 그리고 가사당 암문의 세 암문이 있다. 이들 세 암문을 통과하는 등산로는 없다. 김신조 사건 이후 1992년까지 이 일대로의 입산이 금지되었기 때문이다. 분단 시대의 질곡에 묶여 24년 동안이나 출입할 수 없었던 이 문들도 1993년부터 해금되어 '구멍 체험'이 가능하게 되었다.

청수동 암문은 문수봉과 나한봉 사이의 고갯마루에 있다. 대남문과 가까운 위치로 비봉과 대남문 및 부왕동 암문으로 가는 세 갈래 길이 만나는 요충지를 막고 있다. 외측은 문을 구성하는 장대석 위로 성돌을 3단으로 쌓았고 그 위에 다시 여장을 얹었다. 내부의 석벽이 기울면서 천장석이 20센티미터 가량 틈새가 벌어졌다.

청수동 암문에서는 계속 능선을 타고서 부왕동 암문과 가사당 암문을 거쳐 대서문으로 내려설 수 있다. 오랫동안 찾는 이 없이 암봉과 숲 사이에 묻혀 있던 성문을 발견하는 기쁨이, 길을 찾고 또 가파른 암릉을 오르내리는 노고를 보상해 주고도 남는 곳이다. 삼천동(三千洞)의 산계가 왼쪽으로 펼쳐지고 오른쪽으로는 북한산의 안쪽 속살이 그대로 펼쳐지는 경관이 빼어나 북한산 오름길 가운데에 가장 깊은 느낌을 주는 곳 또한 여기 부왕동 암문에서 가사동 암문으로 연결되는 암릉이다.

부왕동 암문은 원각문(圓覺門)이라고도 불린다. 증취봉 기슭의 험한 능선에 산토끼처럼 숨어 있어 눈에 잘 띄지 않는다. 내부 성돌 틈은 석회로 깔끔하게 마무리되어 있다. 주변 100미터 구간에는 원형에 가까운 여장이 남아 있어 귀중한 사료를 제공한다.

가사당 암문 또한 험한 능선에 위치하고 있다. 용혈봉과 의상봉 사이에 있는 이 성문을 바깥으로 빠지면 중골로 떨어지고, 성내 계곡으로 들어가면 국녕사로 내려서게 된다. 국녕문(國寧門)으로도 불리는 가사당 암문을 거쳐 능선을 줄곧 따라 의상봉을 넘어서면 대서문으로 나오게 된다. 대서문에서 출발하여 시계 방향으로 능선을 따라 돌게 되면 이렇게 12성문의 빈 구멍을 통과하여 제자리로 돌아온다. 12번의 '구멍 체험'으로 연결되는 북한산성의 폐곡선은 이렇게 완결되는 것이다.

성문과 성문은 체성(體城)으로 연결된다. 체성의 높이는 지형에 따라 높낮이를 조절했다. 고축(高築)은 10척에서 14척의 높이이며, 반축의 높이는 6척에서 7척, 반반축은 3, 4척 정도 높이를 보인다. 적의 공격에 취약한 지역에는 당연히 고축의 체성을 쌓아야 했다. 체성의 높이는 능선의 높이와 그 험도에 반비례하여 축조된 것이다.

20여 리의 북한 능선을 에워싸는 성곽을 두르는 공역은 6개월 만에 끝났지만, 그 속의 성내 시설을 갖추는 데는 2년 반의 시간이 더 필요했다. 왕은 유사 때에 도성 백성들을 데리고 북한산성으로 들어가서 관과 민이 힘을 합친 지구 항전을 벌인다는 계획으로 성 안에 여러 기능을 가진 시설물을 설치케 하였다. 우선 행궁(行宮)을 지어야 했다. 왕의 거처가 될 행궁은 120여 칸의 규모였다. 그리고 장수들의 지휘 본부로 쓸 장대(將臺)를 세 곳에 세웠다. 산성을 관리하고 사무를 보기 위한 관성소(管城所)와 3개소의 유영(留營)과 4개의 창고를 지었다. 그리고 13개소의 사찰을 새로 건립하여 임란 이후 역사적 소명 의식이 드높아진 승병을 적극 유치했다.

북한산의 근현대사가 각인된 북한리

병사들이 묵을 성랑(城廊)은 143개소에 마련되었으며 99개의 우물과 26개의 못을 팠다. 이런 시설물들이 수백 채의 건물로 완공된 것은 1713년(숙종 39)의 가을이었다.

산중에 있는 수도의 방어 기지에 대한 보완책이 그 뒤에도 계속되었다. 산성 안 허리 부분을 차단하는 중성(重城)을 쌓아 이중 방어 구조를 짰다. 그 중성의 바깥은 외성(外城)으로 하고 모든 중요 시설

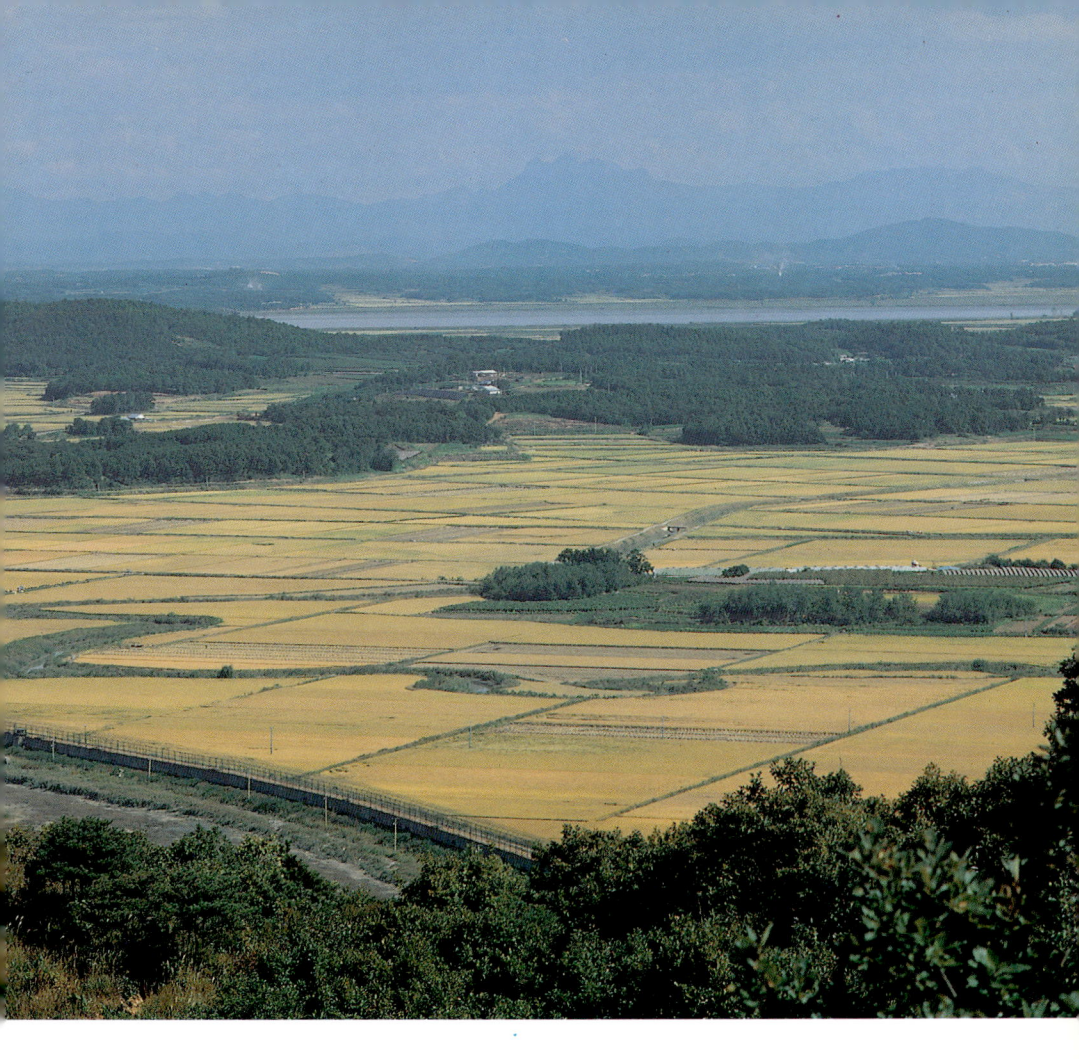

애기봉에서 바라본 북한산 원경　민통선이 있는 애기봉에서 바라본 북한산 원경으로,
맑은 날이면 개성에서도 북한산의 삼각 자태를 뚜렷이 볼 수 있다고 한다.

물은 내성(內城)으로 몰았다. 어떠한 경우에도 내성만은 사수하겠다는 의지로 축조된 중성이었다.

세검정 서쪽의 탕춘대성(湯春臺城)도 이 시기에 축조되었다. 삼각산이라는 별칭에 어울리는 삼중성의 방어 전략은 탕춘대성 축조로 완벽을 기하게 되었다.

120여 칸 규모의 행궁은 산중 궁궐로 웅장한 모습을 지니고 있었다. 대남문을 넘어 산성 계곡을 따라 30분 정도 내려가면 거대한 석축과 건물터가 나타난다. 세검정이나 평창동에서 국민학교 시절을 보냈다면 이곳으로 봄가을에 소풍 나갔을 것임에 틀림없다. 소풍날 가재 잡던 바로 그곳이 성 안 창고 가운데 규모가 가장 컸던 경리청 상창과 호조창이 있었던 곳이다.

상창터를 왼쪽으로 끼고 상원봉 산기슭을 오르면 10여 개의 작은 터가 계단식으로 나타난다. 그 건물터를 지나 위쪽으로 얼마 동안 올라가면 400 내지 500평쯤 되는 넓은 터가 나온다. 어릴 적 소풍날에 반 친구들과 닭싸움하기도 했던 그 빈 터가 행궁의 내전과 외전이 있던 곳이다. 그 풀섶에 뒹구는 정전의 기단석, 주춧돌, 석단 들만이 그곳이 행궁터임을 쓸쓸하게 말해 주고 있다.

경리청 상창터를 행궁터로 잘못 알고 있었으나 북한산성의 유적을 수년 동안 조사한 산사람 조면구 씨에 의해 상창터에서 상원봉 쪽으로 100미터쯤 올라간 곳이 정확한 행궁터임이 밝혀졌다.

행궁 주위에는 이중으로 담을 쌓았다. 외전의 행각 좌우부터 산기슭까지 길게 담장을 쌓았고, 이 담장은 행궁 뒤편의 경리청 상창까지 연결되었다. 행궁 담장은 대부분 무너졌으며 지금도 상당 구간 허물어진 채 남아 있다. 이 행궁은 한일합방이 되기 전까지 그대로 보존되었으나 합방 뒤 일제에 의해 불태워진 것으로 알려져 있다.

장수들이 지휘소로 사용한 장대는 성 안 지형 가운데에 관측이 용이한 높은 곳에 설치했다. 동장대, 남장대, 북장대의 세 장대가 북한산성 안에 세워졌다. 그 가운데에서 행궁을 제대로 살필 수 있는 위치에 서 있던 동장대의 규모가 가장 번듯했다.

대동문에서 백운대 방향으로 10분쯤 가면 시단봉에 오를 수 있다. 그곳에 건물의 기단과 함께 큰 돌기둥이 여럿 서 있다. 북한산성의 최고 지휘소였던 동장대 터이다. 동장대는 1925년의 대호우로 무너졌고 남장대나 북장대는 아무런 흔적도 남겨 놓지 않았다. 서울 도성의 방어를 직접 담당했던 훈련도감, 어영청, 금위영의 삼군문은 산성 안에 삼군문 유영(三軍門留營)과 관성소를 두었다. 관성소에는 관성장을, 유영에는 유영감관을 두어 관헌을 통솔케 했다. 삼군문에 소속된 1,000여 명의 군사가 성 안에 상주하고 있었다고 한다.

「북한지」는 "훈련도감 유영은 노적봉 아래, 금위영 유영은 보광사 아래, 어영청 유영은 대성문 아래에 있다"고 기록하고 있다. 그 막연한 기록을 기초로 수차례 현지 답사한 조면구 씨는 세 유영의 정확한 위치를 밝혀 내는 성과를 올렸다. 훈련도감 유영지는 북한산 최대 거석의 하나인 노적봉 남벽 아래쪽에 있다. 그 뒤로는 북장대가 있고, 그 아래로 중성문이 위치하고 있다. 노적사를 지나 언덕을 넘으면 골짜기 안에 훈련도감 유영지의 넓은 터가 나타난다. 연못도 완벽하게 남아 있는가 하면 기단과 주춧돌도 그대로 보존되어 눈을 감았다 뜨면 그 위에 서 있던 건물이 금방 되살아날 것 같은 느낌을 준다.

이 유영은 대청 18칸, 양곡 창고 60칸, 무기고 16칸, 중군소 4칸, 낭청소 5칸, 서원청 5칸, 구류소 3칸, 행각 11칸으로 지어졌다 한다. 고종 13년(1876)에 화약고의 실화로 유영에서 화약 7,597근이 불탔다는 기록이 남아 있다.

대성문을 넘어 성내 쪽을 가까운 계곡으로 내려가면 대성암 터가 나온다. 그 건물터에 오래된 석축, 주춧돌, 담장 등이 나타난다. 그곳이 어영청 유영지다. 유영지는 개울 옆 산기슭에서 1 내지 3미터 높이로 둥근 막돌을 이용하여 석축을 쌓았다. 730평 가량의 지반이 조성되었으며 그 뒤편으로는 2단의 석단을 쌓았다.

어영청 유영지에서 계곡을 따라 10분쯤 내려가면 건물터가 밀집된 곳이 나온다. 그 개울 옆으로 큰 석축과 함께 잡풀이 뒤엉킨 넓은 터가 자리잡고 있다. 그곳에 경기도가 지방유형문화재로 지정한 금위영이건기비(禁衛營移建記碑)가 서 있다.

금위영 유영은 대청 18칸, 내아 6칸, 양곡 창고 54칸, 무기고 13칸, 중군소 5칸, 면원청 4칸, 월광 8칸 규모로 설립되었으나 다른 두 유영과 마찬가지로 한일합방을 전후하여 소실되었다.

산성 안 창고들은 숙종 38년에 착공하여 이듬해 가을에 완성되었다. 경리청 상창, 중창, 하창, 호조창 등 4개의 창고가 280여 칸 규모로 설립되었고, 삼군문 유영에도 훈창, 금창, 어창을 건립하였다. 지금 평창동 쪽에 평창이 건립된 것은 숙종 40년이다. 북한산 능선을 넘어 양곡을 운반하기가 어려워 고개 남쪽에 세워진 평창이다. 성 안의 각 창고에는 10만 석의 양곡을 비축했다 한다.

지금이나 예나 산에 사는 사람은 역시 입산자들인 불자들이다. 산성 안에 아무리 뛰어난 시설물을 축조해 놓아도 상주할 수 있는 군병은 1,000여 명에 지나지 않았다. 그래서 산에 살면서 산과 산성을 항상 지킬 승병을 성 안으로 유치시킬 계획으로 산성 안에는 대규모 불사가 추진되었다.

당시 성 안의 절은 중흥사(重興寺) 하나뿐이었다. 북한산성이 완공된 다음 해인 숙종 38년과 41년의 3년 사이에 용암사(龍岩寺), 보국사(輔國寺), 보광사(普光寺), 부왕사(扶旺寺), 서암사(西岩寺), 원각사(元覺寺), 국녕사(國寧寺), 상운사(祥雲寺), 태고사(太古寺), 진국사(鎭國寺) 등 10개 사찰과 봉성암(奉聖庵)과 원효암(元曉庵) 등 2개의 암자가 창건되었다. 이런 사찰에 머무는 승도의 정원은 360명으로 11개 사찰에 각각 수승(首僧) 1명과 승장(僧將) 1명을

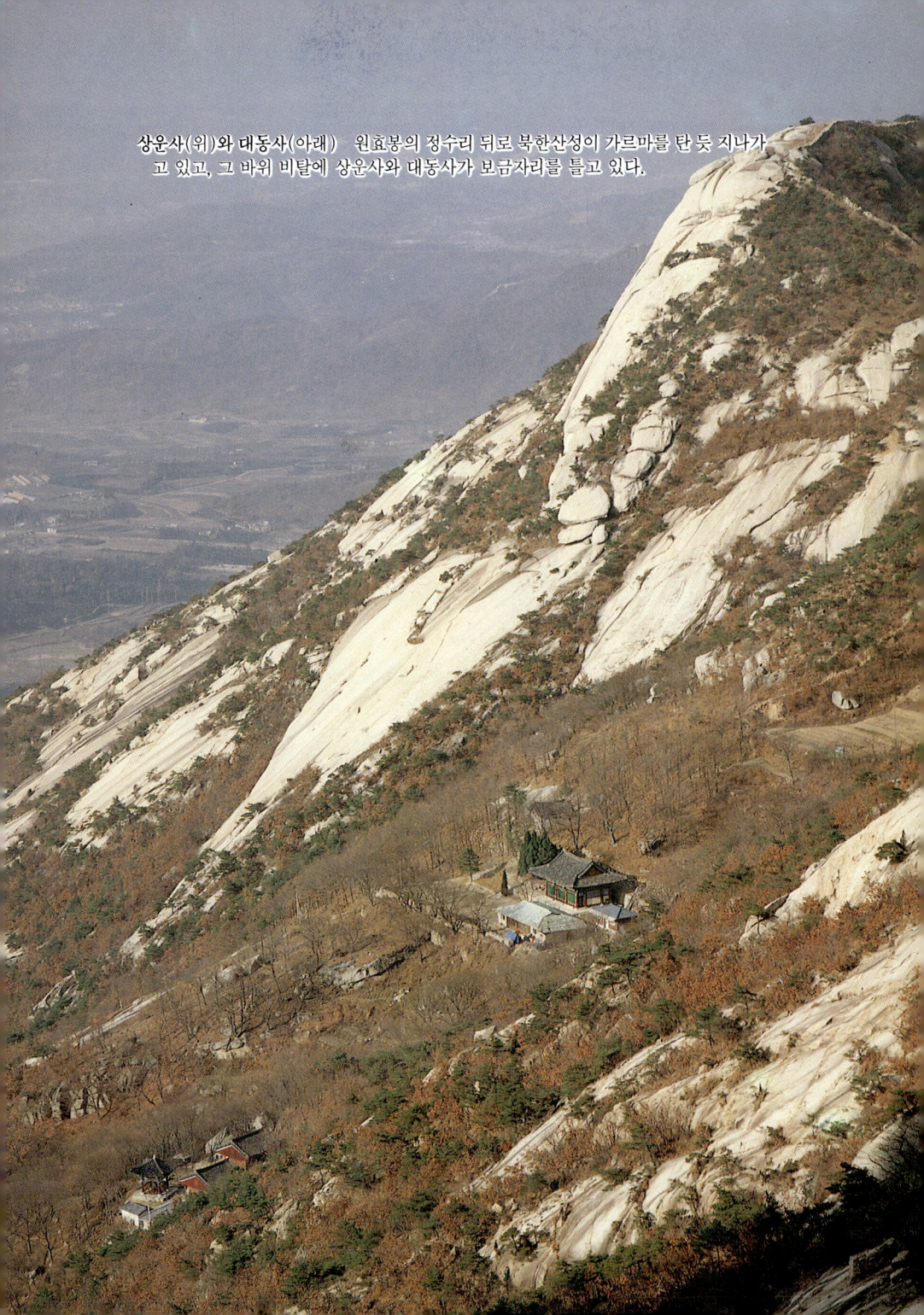

상운사(위)와 대동사(아래) 원효봉의 정수리 뒤로 북한산성이 가르마를 탄 듯 지나가고 있고, 그 바위 비탈에 상운사와 대동사가 보금자리를 틀고 있다.

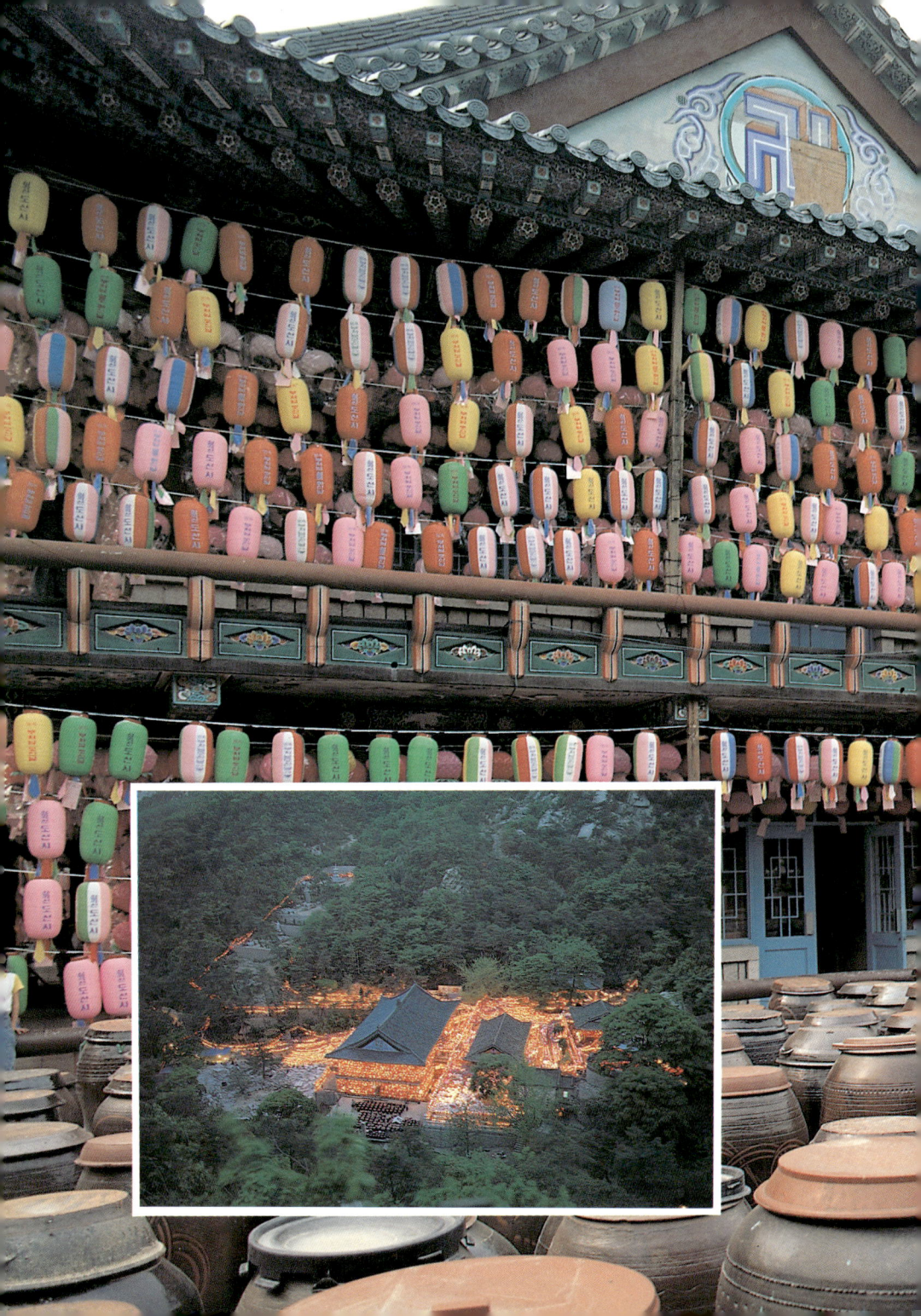

도선사 사월 초파일을 맞은 도선사는 수천 개의 연등과 수백 개의 장독이 북한산에서 가장 큰 가람다운 면모를 과시하고 있다. 연등에 불이 켜지면 북한산은 현란한 빛의 축제를 벌인다.

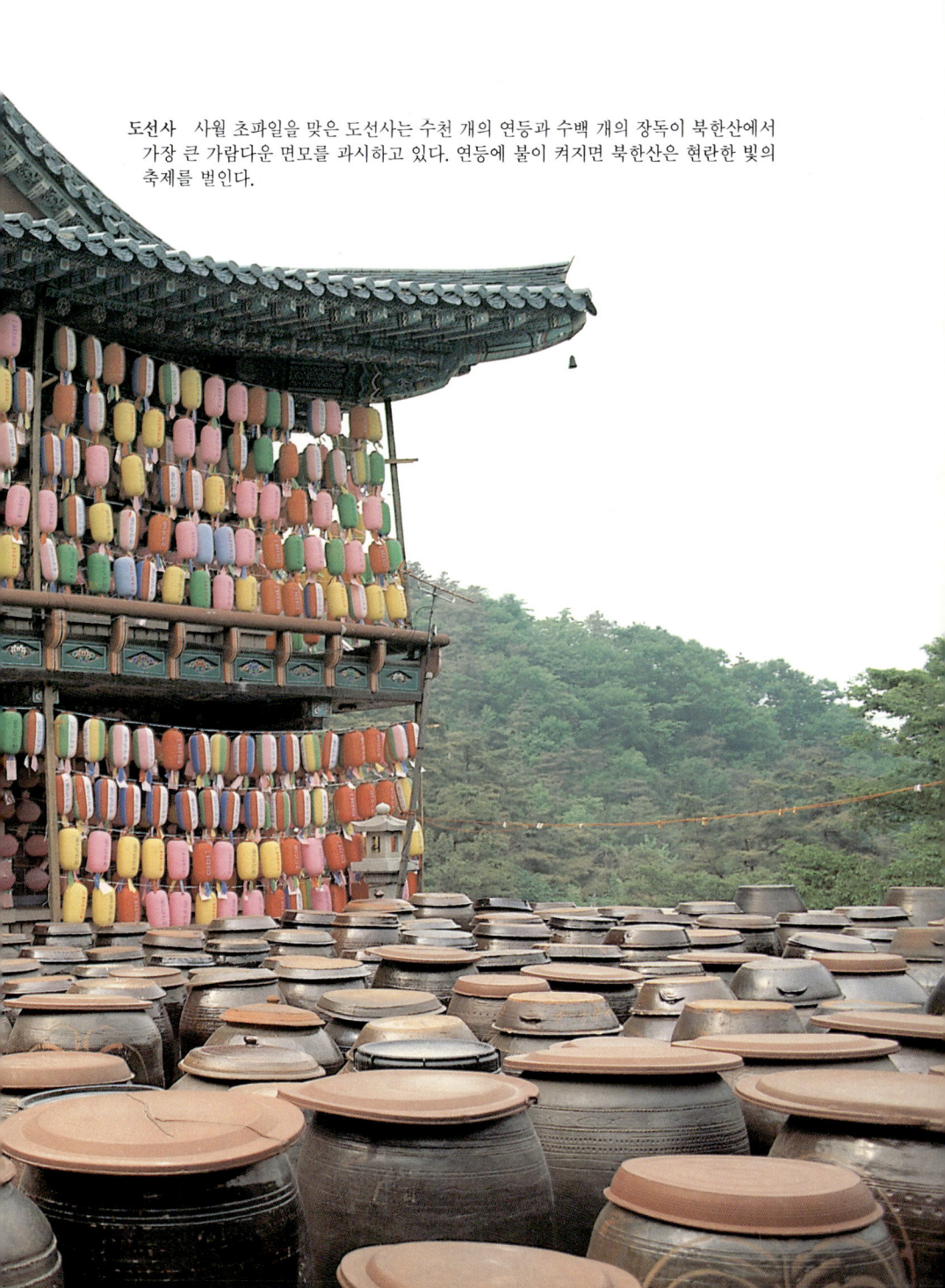

두었다. 이들의 총지휘소로 승영(僧營)을 설치하고 지휘관으로 승대장 가운데 1명을 팔도도총섭(八道都摠攝)에 임명했다.

산성을 수비하며 불도와 무예를 닦던 승병들로 한동안 북한산성은 '산중승국(山中僧國)'을 이루어 가장 활기찬 시기를 맞았으나 영조 이후 극심해진 불교 탄압으로 그 영향력과 기개가 한껏 쇠잔해 졌다. 그러다가 1894년의 갑오경장 때 승병들은 강제 해산되었다. 스님들이 절을 떠나 버려 폐사된 채 버려져 있다가 1900년을 전후 하여 불타거나 무너져 버렸다. 그런 와중에도 다행히 명맥을 유지하던 부왕사, 상운사, 태고사, 원효암마저 6·25의 전화에 잿더미가 되고 말았다.

지금은 태고사, 상운사, 원효암만이 당시의 규모에는 어림없으나 금당과 몇 요사채만이 세워져 있어 옛 '산중승국'의 맥을 간신히 잇고 있다. 진국사 터에는 노적사라는 절이 들어서 있고, 국녕사와 봉성암 자리에는 가건물 형태의 암자가 들어서 있다. 보광사, 원각사, 보국사, 서암사 등은 폐사된 지 오래 되었으며 유구조차 없어 위치 파악도 못하고 있는 실정이다.

그럼에도 북한산은 아직은 '산중승국'이다. 다만 그 승국은 산성 안에 있지 않고 산성 바깥의 산기슭으로 얼마 동안 하산하여 자리잡 았다. 어느 능선이나 골짜기로 입산하건 그 초입이나 중턱에서 절을 만나는 북한산이다. 그래서 북한산의 구명 체험은 입산의 종교적 상징이 되기도 한다. 그런 들목에 선운사, 용덕사, 법화사, 도선사, 백련사, 화계사, 내원사, 삼봉사, 일선사, 영불사, 영추사, 문수암, 승가사, 해원사, 관음사, 연화사, 진관사, 삼천사, 용암사 등 수백 개의 유무명 사찰이 들어서 후(後) 산중승국 시대를 열고 있는 것이다.

1,000여 명 삼군문 군사와 360명 정도 되는 승병이 지키며 행궁, 삼군문 유영, 창고, 성랑, 사찰 등 수백 채의 건물이 들어섰던 북한산

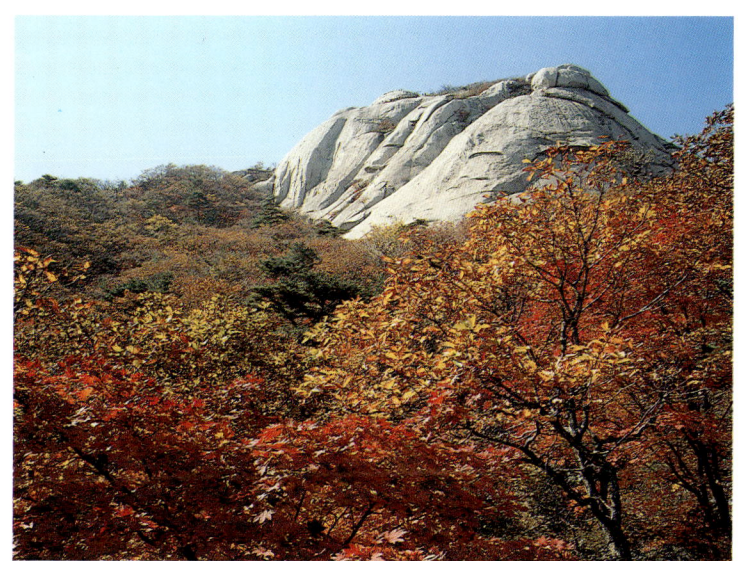

백운대 노랗고 붉은 단풍이 드는 가을날에 백운대의 흰 바위벽은 더욱 눈부시게 빛난다.

성 안의 산국(山國)은 조선조 말기까지 조정에서 엄정하게 관리하여 왔다. 그러다가 1905년의 병력 감축으로 기로에 섰다가 1907년의 군대 해산을 맞아 공중 분해되기에 이른다.

국가가 외적의 침입을 받아 도성을 내줘야 할 때를 대비하여 300년이나 비장해 둔 북한산성이다. 모든 갈무리를 해둔 상태에서 제국주의 깃발 아래 온갖 외적이 쳐들어와 기회가 왔지만, 조선의 어느 왕도 국가 수호의 기치를 내걸고 북한산성의 행궁으로 들어가지 않았다. 나라가 부서져도 산하는 변함없다는 두보의 시가 있지만, 조선이 망했을 때 북한산성 안의 산하는 온전치 못했다. 그것은 산하라기보다 한양의 도성과 운명을 함께 해야 하는 또 하나의 조선 왕국이었기 때문이었다.

일제는 조선군을 무장 해제하고 해산시키며 북한산성 안의 대부분 시설물을 불태워 버렸다. 산성을 거점삼아 항거할 의병과 독립군이 출몰할 가능성을 아예 없앤 것이었다. 그러면서 일본군은 북한산성을 점거하고 있으면서 그곳에 헌병대까지 두었다. 일본인에 의해 황폐화된 산성 안의 산국(山國)은 6·25사변의 총탄과 포탄이 떨어지며 완전히 초토화되어 버렸다. 그리고 곳곳에 산재한 석재 유구들만이 오랫동안 무관심 속에 버려져 잡풀과 뒤엉켜 우리 근현대사에 묻혀 가고 있다.

지금 북한산성의 잔해는 뼈만 남은 해골의 모습이다. 목재로 지어진 모든 원형은 사라지고, 그 위의 문루를 그리워하던 눈알마저 빠져 나간 성문들이 하늘을 향해 그 빈 구멍을 하염없이 열어 놓고 있는 것이다.

백운대나 노적봉에 올라서면 그 폐곡선을 이룬 북한산성 체성의 돌 잔해가 마를 대로 마른 두 팔을 벌리고 대서문을 껴안고 있는 형국이 눈 시리도록 아련하게 드러난다. 그렇게 버림받아도 북한산성은 아직 그 속에 이 땅의 사람들을 보살피며 지켜 주고 있는 것이다. 그 대서문 안쪽 사람을 우리는 고양읍 북한리 주민이라 부른다. 이쪽 행정 구역이 고양읍에서 고양시로 승격되어 지금의 동명은 경기도 고양시 북한동으로 바뀌었다.

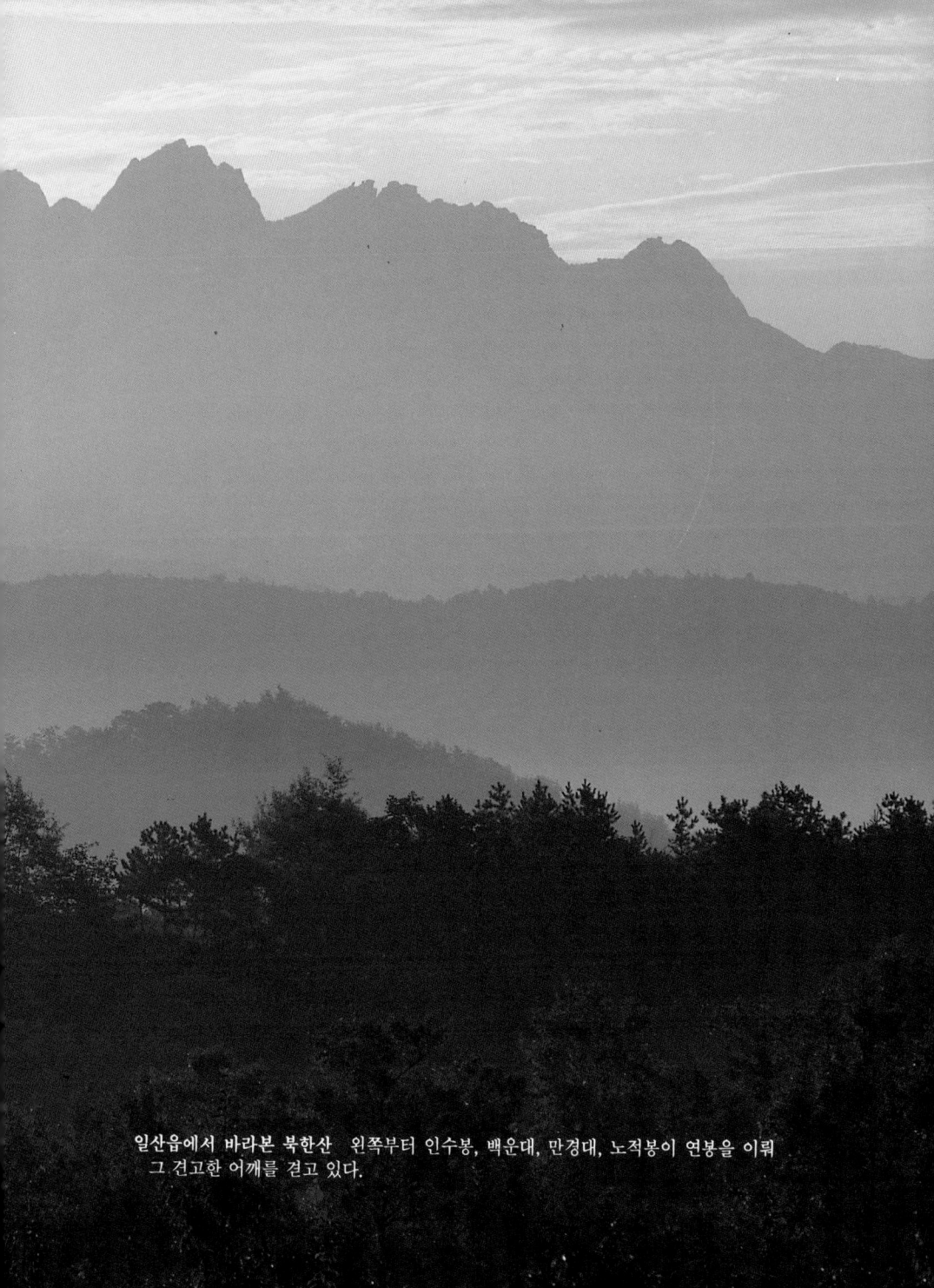

일산읍에서 바라본 북한산 왼쪽부터 인수봉, 백운대, 만경대, 노적봉이 연봉을 이뤄
그 견고한 어깨를 겯고 있다.

북한산속에 사는 '성안' 사람들

서울 양반은 모두가 도성 안에 살았다. 그리고 나들이를 갈 때면 남대문이나 동대문 또는 서소문이나 동소문으로 뚫린 '구멍'을 통과해야 되었다. 성 밖에 사는 평민들도 도성 출입을 하려면 어쩔 수 없이 그 '구멍'을 지나가야 했다. 그리고 성 안에 사는 사람들은 그 바깥 사람들을 '상것'이라 부르며 하대했다.

'구멍 체험'이 교통의 필수 조건이었던 한양의 삶을 그대로 옮겨 놓은 것이 북한리의 요즘 사람살이다. 여기서는 성 밖으로 나가려면 대서문의 그 '구멍'을 빠져 나가야 하는 것이다. 한양과 다른 점이 있다면 그 문의 이름이 '서대문'이 아니라 '대서문'으로 앞의 두 자가 서로 자리를 바꾼 것뿐이다. 서대문은 그 바깥에 사는 사람을 '상것'으로 치부하는 경계였지만, 대서문은 그 안쪽 사람을 '산(山)것'으로 인정해야 하는 경계선이다.

북한리 사람들은 그야말로 북한산과 그 슬픈 근대사와 더불어 살아온 '산것'들이다. 북한산 역사의 주름과 한이 이들 '산것'의 삶에 깊은 골을 파며 그대로 각인되어 있는 것이다.

북한리는 물론 북한산성이 축조되며 들어온 수성군의 식솔들에 의해 개기(開基)되었다. 마을에서 나이 지긋한 사람 누구에게든 얘기를 시켜 보면 어영청이나 훈련도감에서 벼슬하던 선조의 이름을 자랑스레 늘어놓을 것이다.

"고조할아버지 때부터 여기서 살았다지. 그 전에는 벽제에서 살았다는데 성이 쌓인 뒤 당신이 그걸 지키러 들어왔다는 거야. 무슨 별감인가 하는 직책을 가지고. 선산이 고양시의 문화재로 지정되어 있어. 지금은 이래도 우리집이 옛날에는 꽤 살았다지……."

북한리에 누대(累代)를 이어 살았다는 어느 할아버지의 말이다. 그가 김씨건, 박씨건 또는 이씨건 상관할 일이 못 된다. 지금도 그렇지만 그들의 조상은 어느 누구건 '성 안'에서 기세 좋은 북한산과 더불어 떵떵거리며 살아왔기 때문이다. 따지고 보면 지형상 북한산성은 한양의 도성보다도 높은 곳에 있다. 그래서 북한리 사람의 '한양 사람보다 우리가 더 높다'는 자긍심을 갖는다 해도 그것은 탓할 일이 아니라 지리적 근거를 지닌 당위가 된다.

1907년 군대 해산 이후 북한리의 삶도 우리 근대사와 더불어 나락으로 떨어진다. 그해 대부분의 사람들이 대서문을 통해 아래 세상으로 떠나야 했다.

그동안 일군 산달밭은 차츰 묵정밭이 되었다. 한일합방 뒤 동양척식회사가 그런 묵정밭을 도리하였는데 그 면적이 30만 평에 달했다고 한다. 동양척식회사는 그 넓은 밭을 아래 세상의 사람에게 불하(拂下)해 버렸다.

의병의 근거지가 될 만한 성내 시설물을 소개시킨다는 명분으로 일본인들은 선영루 등 여러 누각과 고건축물을 헐어서 가지고 갔다. 비석 거리에 30개쯤 서 있던 선정비도 파 가거나 넘어뜨려 지금은 열 몇 기 정도 남아 있다.

1925년 을축년에 있었던 대홍수로 큰물지고 산사태가 나는 바람에 그나마 남아 있던 문화재마저 상당량이 유실되었다. 선영루의 무지개 다리도 그때 떠내려갔으며 중성 수문이 터지며 노적봉 아래쪽에서는 산사태까지 발생했다. 그 산사태에 8부 능선에 있던 가옥마저 휩쓸려 갔다. 그때 입은 인명 피해로 북한리에는 한날 한시에 제사올리는 집이 여럿 있게 되었다.

백운장 앞에 가면 그해 떠내려 온 돌절구가 아직도 박혀 있다. 중성 안의 의창에서 화약 빻을 때 쓰던 돌절구였는데 대서문까지 떠내려온 것이다. 시구문 밑의 집채만한 돌도 그 을축년 큰물에 떠내려온 것이고, 대서문 일대에 널려 있는 큼직한 바위들은 거의 그해에 북한산 능선으로부터 굴러 떨어지거나 계곡을 따라 떠내려

온 것이라 한다. 말하자면 을축 큰물 사태는 천지 개벽이 일어난 북한리의 '노아의 홍수'였던 셈이다.

을축 사태에 살아 남은 사람들은 살길이 막연했다. 농토마저 큰물에 모두 떠내려 갔기 때문이었다. 그 뒤 북한리 사람들은 나무 장사로 연명했다. 화전을 잃고 나서 나무를 베어 서울로 내다 판 것이다. 그러다가 살구 농사를 시작했다. 누군가 한두 그루 심기 시작한 살구가 살림에 큰 보탬이 된다는 것을 알게 되었다. 살구 한 짐이 나무 한 마차보다도 값이 더 나갔기 때문이었다. 살구는 평지의 진흙에서는 제대로 자라지 못한다. 그것은 북한리의 '산것' 팔자와 어울리게끔 산비탈에서 오히려 튼튼한 뿌리를 내리고 가지가 휘어지도록 풍성한 결실을 맺는다. 자하문 밖 자두골에서 살구가 잘되는 것을 보고서는 북한리 산비탈에 심었던 게 적중했던 것이다. 한 집, 두 집 마당에 심고, 밭두렁에도 심고 하여 북한리는 그즈음부터 서울 근교에서 살구가 가장 많이 나는 산동네가 되었다.

삼남 지방에서 과일이 올라오지 못할 시절이어서 살구값이 아주 좋았다. 지게에 지고 무학재 넘어 남대문 시장까지 40리 길을 걸어가면 지겟발을 치기가 무섭게 동이 났다는 것이다. 그런 살구이기에 북한리에는 사람보다 더 많은 살구나무가 살게 되었다. 봄도 그래서 그 살구나무를 먼저 찾아간다. 봄이면 북한리야말로 일제라는 그 추운 시대에도 '살구꽃 피는 내고향'이었다.

일제 시대에도 이곳을 관광지로 개발하려는 움직임이 있었다. 당시만 해도 백운대를 오르는 길은 우이동 쪽보다 북한리 쪽을 더 선호했다. 산성이 그쪽에 있는 데다 산세도 훨씬 부드러웠던 까닭이다. 그리고 당시까지 한양과 개성과 평양을 잇는 주교통로는 구파발과 삼송리를 잇도록 나 있었다. 그래서 북한산은 동쪽보다 그 서쪽에서 본 모습이 더 삼각산답고 또 북한산다웠던 것이다.

1927년에 백운대를 깎아 돌계단을 만들고 쇠줄 난간을 쳤다.

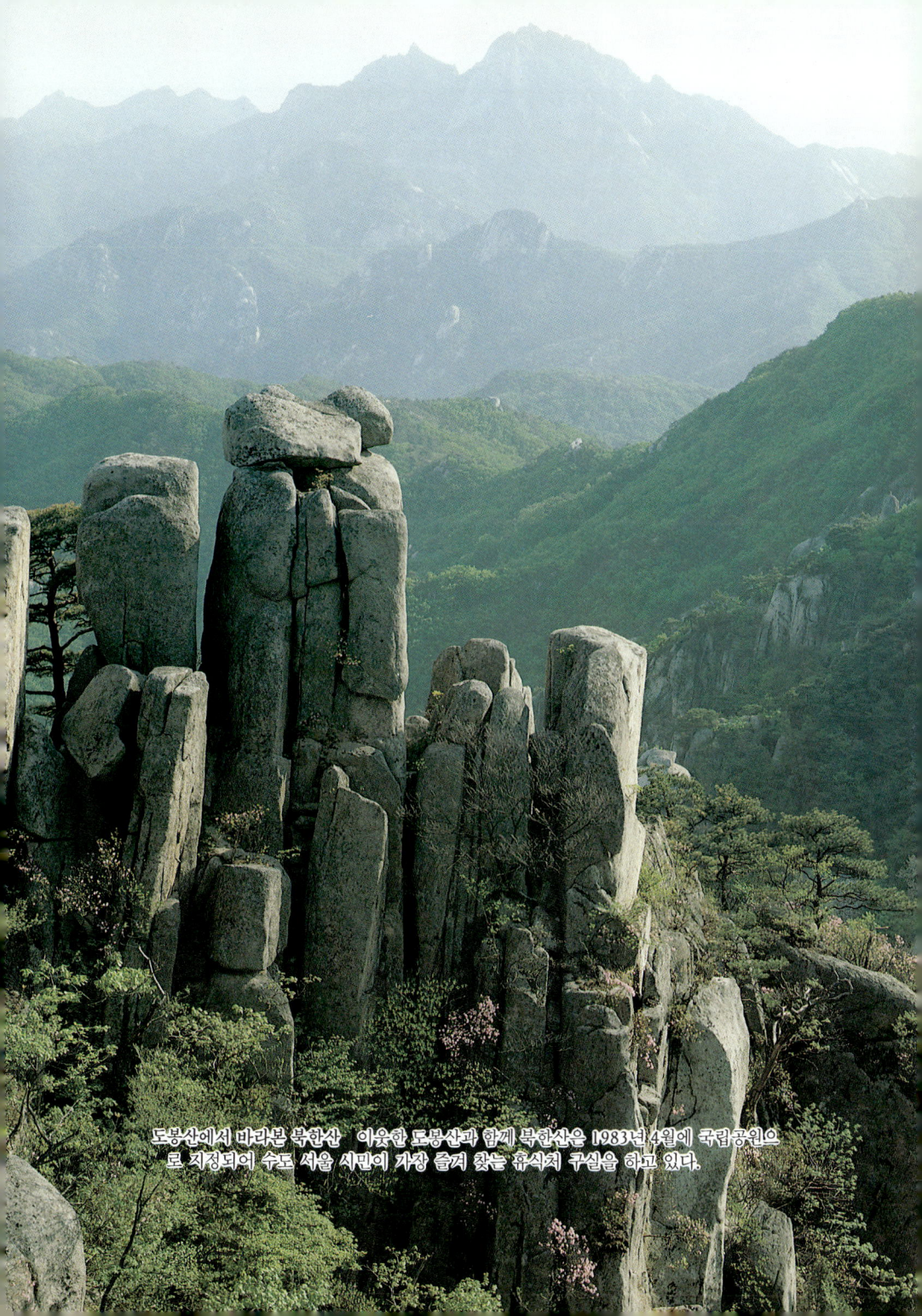

도봉산에서 바라본 북한산 이웃한 도봉산과 함께 북한산을 1983년 4월에 국립공원으로 지정되어 수도 서울 시민이 가장 즐겨 찾는 휴식처 구실을 하고 있다.

그렇게 하여 감히 올라갈 엄두조차 내지 못했던 백운대가 누구든 휴일날에 올라갈 수 있는 유산이나 등산의 범주에 편입되었다. 동시에 북한리의 땅값도 폭등했다. 평당 1리에서 5리 하던 땅값이 50전에서 1원까지 뛰었다. 그러나 해방되면서 다시 제자리로 떨어졌다. 모든 '구멍 체험'은 제자리로 돌아오게 되어 있는 것이다.

6·25때 북한리는 또 한차례 모진 고초를 겪는 '비극의 땅'이 된다. 1·4 후퇴 직전에 미군은 수색과 녹번을 연결하는 방위선을 쳤다. 그 방위선에 맞추는 척하며 일부러 북한리를 비워 두었는데 그곳에 진을 친 인민군이 좌우 능선에서 몰아치는 미군의 협공을 받아 몰살한 것이다.

주민들의 기억에 의하면 그 전투에서 1,000명 이상 사망자가 나왔다 한다. 그 난리통에 마을은 완전히 쑥대밭이 되었다. 산성 안에 조금 남아 있던 절과 옛집들은 흔적없이 타버렸다. 다만 돌로 만든 것들만 남아 있을 따름이었다. 늘어난 것은 해골뿐이었다. 밤이면 골짜기마다 도깨비불이 날아다니며 잔치 벌이던 살풍경을 주민들은 아직 생생히 기억하고 있다. 정 떨어진 주민들은 하나 둘 북한리를 떠났다. 6·25 사변 전까지 중성 안의 윗마을에 40호, 대서문 안의 아랫마을에 40호가 살았었다. 그러나 전쟁 뒤 윗마을과 아랫마을을 통틀어 40호만 남았다. 지금도 북한리의 가구수는 40호를 유지하고 있다.

산삼으로 증명된 북한산의 정기

관광지 개발 소문은 50년대 말에 또 한번 분분하게 일어났다. 4·19가 나기 이태 전에 당시의 이승만 대통령이 북한리를 찾아왔다. 그는 미국으로 망명가기 전에 북한리 위쪽의 상운사에 잠시

은신한 적이 있다. 살구꽃 피던 그 시절의 북한리의 가난을 기억했는지 "어떻게 사느냐"고 물었다. 마을 촌로가 "낭구나 베어 팔아 먹고 살지요"라고 시큰둥하게 대꾸하자 이에 이승만은 "낭구를 베면 쓰겠냐"고 점잖게 꾸짖었다. 이어 그 짓 않고 먹고 살 수 있도록 해준다며 관광 개발을 약속한 것이었다.

그때 곁에 있었던 북한리의 김경운 씨(69세)는 그 소리에 너무도 고마워서 이렇게 소리쳤다 한다.

"할아버지, 그게 정말입니까."

그랬더니 이승만은 이렇게 대답했다는 것이다.

"대통령이 너에게 거짓부렁할까."

이승만이 다녀간 뒤에 정말 도지사가 다녀갔다. 그리고 2주 뒤에 미군들이 불도저를 몰고서 올라왔다. 불도저는 효자동에서 대서문 안까지를 5미터 폭으로 마구 밀어붙였다. 그래서 길이 뚝딱 나버렸다. 불도저가 낸 신작로를 뒷손질하려는 시점에 4·19가 터졌다. 산성 너머 정릉까지 케이블카(cable car)를 놓겠다는 5차년 개발 계획은 그 바람에 공중으로 날아가 버렸다. 도로 공사의 마무리를 맡았던 장모 씨는 그 바람에 목을 매어 자살하고 말았다.

김경운 씨도 그때 피해를 봤다. 5·16의 주체라는 김모 씨가 등운각(登雲閣)이라는 집을 짓는다 하여 김경운 씨는 자신의 땅을 내놓았다. 집을 지은 김모 씨는 등운각을 자신의 사촌형 이름으로 등기하고서는 김경운 씨를 언제 봤느냐는 식으로 대했다. 사람들이 이승만의 별장으로 알고 있던 등운각은 그 뒤 보리사라는 절로 변했다.

등산객이 한껏 늘어난 1970년대부터 어정쩡하던 북한리의 생계는 그런 등산객을 상대로 장사하는 일로 탈바꿈하기 시작했다. 마을의 관광 수입을 높이려는 방안으로 주민들이 힘을 모아 그즈음 대서문 안까지의 진입로 공사를 마무리지었다.

장사해 본 경험도 없는 데다 다들 어려운 시절이어서 별의별 일들

문산읍 지영리에서 올려다본 북한산   추수가 끝난 늦가을 들녘에서 바라보아도 북한산
의 빼어난 자태는 쓸쓸하지 않다.

이 일어나기도 했다. 가령 물가에 나가 앉은 손님이 해를 가려 달라고 요구하면 급한 김에 천막 대신 이불 호청을 뜯어다 해를 가려 줘야 했다. 그렇게 친 호청 천막에는 거의 오줌싸개가 밤새 그린 지도가 그려져 있었다. 산성 수성군의 후예들이 관광객을 상대하는 장사꾼이 되어 가고 있는 중이던 1984년에 북한산은 국립공원으로 지정되었다. 국립공원 지정은 북한리 사람들의 삶에 별다른 보탬을 주지는 않았다. 오히려 전에 없던 규제 사항이 생겨나 불편한 점이 늘어났다.

개천에 해가리개도 마음대로 못 치게 되었다. 북한산국민학교 옆에 생겨난 공원 관리소의 매표소에서는 등산객에게는 물론 집을 찾아오는 손님에게도 입장료를 물게 했다. 그럴 때면 관리소 직원과 티격태격하게 된다. 그래도 그들은 이 살구꽃이 화원을 이루는 고향 마을을 떠날 수가 없다. 마을을 감싸고 있는 북한산 연봉의 여러 산봉우리들을 주재하는 산신령을 굳게 믿고 있는 까닭이다. 북한산성 속에 사는 '산것'들은 아직도 산과 산신령을 믿기에 싱싱하게 살아 있는 산사람일 수가 있는 것이다.

그들은 일 년에 두 번씩 산신을 모시는 산신제를 올린다. 음력 팔월 초하루와 시월 초하루에 마을 사람들이 모두 모여 마을의 안녕과 번영을 기원하는 제를 올린다. 시월 제사는 원래 윗마을에서 지내던 산제였다. 윗마을이 없어지면서 아랫마을에서 그 산제까지 떠맡아 정성을 올리는 것이다. 팔월에는 온소를, 시월에는 온돼지를 잡아 제물로 바친다. 이런 제의는 궁핍했던 왜정 시대에도 북한리 마을에서는 끊어지지 않고 이어졌다.

그런 정성에 산신령이 응답한 것일까. 1991년 8월에 북한리에 사는 한 주민이 산신령의 현몽을 받아 북한산에서 산삼을 21뿌리나 캐는 경사가 났다.

1988년에 남편과 사별하고 1남 4녀 가운데 막내딸과 살고 있는 김정옥 아주머니(54세)는 대서문 안 수복장에서 일하고 있다. 그래서 그녀는 수복장 아줌마로 불린다. 1991년 8월 28일 밤에 수복장 아줌마는 두 남자가 방으로 쳐들어와 막무가내로 산으로 끌고 가는 꿈을 꿨다. 하지만 그 꿈이 산삼을 점지하려는 산신령의 현몽인 줄은 꿈에도 짐작하지 못했다. 아침에 윗집의 아주머니가 북한산에 도토리 주우러 가자고 졸랐다. 수복장 아줌마는 도토리 주우러 워낙 많이 다녀 북한산성 안의 샛길까지 훤하게 알고 있었다.

도토리 줍겠다는 대여섯 아주머니를 데리고 그녀는 중성문을 지나 태고사 쪽으로 올라갔다. 행궁터를 지나 일행들은 산을 넘어가자고 했다. 길 안내를 다한 그녀는 그들과 헤어져 혼자서 내려왔다. 중성문과 태고사 사이에 있는 용락사 부근에서 그녀는 너덜 위에 앉아 쉬었다. 그런데 문득 앉은 자리에서 빨간 열매가 눈에 들어왔다. 그 순간 그게 산삼 열매임을 직감했다. 그녀는 산삼을 본 적이 없다. 산삼 잎이 어떻게 생겼는지조차 몰랐다. 그런데도 그게 산삼인 것을 그 순간에 알아챌 수 있었다. 산삼이 그만큼 영물인 데다 산신령이 간밤의 꿈으로 계시를 내려 줬기 때문에 가능했을 것이다.

도토리가 든 배낭을 벗어 놓고서 그녀는 그 자리에서 산신령에게 큰절을 올렸다. 그리고 캐보니 과연 긴 뇌두가 달린 산삼이었다. 그녀는 그 일대를 뒤져 산삼을 21뿌리나 캤다. 그렇게 캔 산삼을 가난한 그녀는 비싸게 처분하지 않았다. 그 땅의 정기를 모은 지복을 타고난 복이 닿는 대로 나누어 주었다. 진짜 횡재한 쪽은 그날과 그 이튿날 그녀를 만났던 다른 사람이었다. 내려오는 길에 중성문에서 근무중인 군인들을 만났다. 그녀의 아들도 군복무중이었다. 군인 아들 생각에 산삼 한 뿌리씩 나눠 주었다.

집으로 돌아오자마자 마을에 소문이 쫙 퍼졌다. 함께 도토리를 따라 갔던 동네 아줌마들이 먼저 들이닥쳤다. 그런 아줌마들도 한 뿌리씩 얻어 걸렸다. 부인이 당뇨병에 시달리고 있다는 이장의 청도 거절할 수 없었다. 그녀는 이장 몫까지 두 뿌리 주었다. 이튿날 단골인 등산객 두 명이 찾아 왔기에 한 뿌리씩 주었다. 이웃집 아주머니에게도 한 뿌리…… 그런 과정에서 그녀 자신도 세 뿌리를 먹었다.

산삼은 지정(地精) 또는 토정(土精)이라고도 불린다. 땅의 정기를 모으는 식물이란 뜻이다. 때문에 산삼이 나지 않는 산은 정기가 죽은 것으로 간주하여 산수 경계가 제아무리 뛰어나도 명산으로 쳐주지 않았다.「한국 산수론」의 산삼과 명산과의 뗄 수 없는 관계를 떠올릴 때 북한산에서 산삼을 캤다는 소식 이상 반가운 낭보는 없다. 그것은 북한산이 아직도 이 땅의 명산이 분명하다는 사실을 입증하고 있기 때문이다.

산삼으로 상징되는 땅의 정기를 논하는 우리 선대의 산수관이 풍수지리설이다. 여러 중신의 반대 상소에도 불구하고 북한산성 축조 의지를 강하게 밀어붙였던 숙종도 산성 축성이 북한산의 정기를 끊는 불상사를 초래할지도 모른다는 의견에는 주춤하지 않을 수 없었다. 그만큼 조선조 이래 자연을 대하는 한국인의 의식 구조는 풍수론에 지대한 영향을 받아 왔다. 때문에 풍수론은 북한산을 해독할 수 있는 또 하나의 시각을 제공한다.「신동국여지승람」은 제3권에서 북한산의 풍수에 대해 언급하고 있다.

"화산은 높이 솟고 한강수는 활기있게 흐르니 하늘이 만든 땅이 평탄하게 펼쳐 넓다…… 흐르고 흐르는 한강수가 나라 도읍을 둘렀는데 풍기(風氣)가 모인 곳에 둘러싸여 안전하다…… 천년 만 년 길이길이 삼한 땅을 진(鎭)하리."

「택리지」를 쓴 이중환(李重煥)은 지기(地氣)가 가장 승한 곳으로 나라 안에서 네 곳을 꼽았다. 그는 개성의 오관산(五冠山), 한양의 삼각산(三角山), 진잠(鎭岑)의 계룡산(鷄龍山), 문화(文化)의 구월산(九月山)을 정기가 가장 빼어난 명산으로 보았다. 그 가운데에서도

강화도 마니산에서 바라본 북한산 원경 가을 벌판과 정족산을 너머 높이 솟은 북한산
이 동쪽 하늘선을 가르고 있다.

삼각산을 으뜸으로 꼽으며 이중환은 "……삼각산의 동남북은 모두
큰강이 둘렸고 서쪽으로는 조수와 통한다. 여러 곳의 물이 모두
모이는 그 사이에 맥악(북악)이 서리어 얽혀, 온나라의 정기가 그곳
에 모였다"고 풀이했다.
　　북한산을 풍수지리적 관점에서 맨 먼저 본 사람은 도선(道先)으
로 알려져 있다. 도선은 주지하다시피 신라 말 불교계에 새 바람을
일으킨 선종(禪宗)의 승려로 왕건을 도와 고려를 세운 인물이다.

식민 정책에 의해 왜곡된 북한산의 풍수지리

　도선은 왕건의 스승이었다. 왕건의 훈요십조가 도선의 풍수지리를 논리적 근거로 삼고 있는만큼 풍수설에 도선이 끼친 영향은 지대하다. 조선조 인조 때 홍만종(洪萬宗)이 쓴 「순오지(旬五志)」에 도선의 풍수 설화가 실려 있다.

　"도선이 송경(松京, 개성)에 도읍을 정할 때에 산천을 두루 돌아보고 말하기를 '이곳이 앞으로 팔백 년은 이 나라의 운수를 지탱할 곳이니 축하할 일이구나' 했다. 그러나 조금 있다가 동남쪽의 안개가 걷히며 삼각산이 한양 쪽에 우뚝하게 서 있는 것이 보였다. 도선은 그 삼각산을 바라보며 스스로 탄식하기를 '저 삼각산이 진방(辰方)에 있어서 마치 도둑놈 깃발처럼 되었으니 사백 년이 지나면 이 나라의 운세가 장차 저 산 밑으로 옮겨 갈 것이로다'라고 했다. 도선은 그 뒤 75마리의 돌개〔石犬〕을 만들어 진방을 향해 세워서 마치 도둑을 지키는 형용을 만들어 놓았다. 그 뒤 고려는 과연 475년 만에 망해 버렸다."

　이 설화는 이중환의 「택리지」에서 무학 대사가 북한산에서 혈을 찾는 대목과 연결되어 있다.

　"신라 때 중 도선이 「유기(留記)」에 '왕씨를 이어 임금될 사람은 이씨이고 한양에 도읍한다'고 하였다. 그 기록 때문에 고려 때 윤관을 시켜 백악산 남쪽에다 터를 잡아 오얏(李)을 심어 놓고 무성하게 자라면 갑자기 잘라서 왕성한 기운을 눌렀다. 조선에서 왕위를 물려받은 뒤에 중 무학(無學)을 시켜 도읍지를 정하도록 했다. 무학이 백운대를 따라 만경대에 이르고 다시 서남쪽 비봉으로 갔다가 관개의 비(碑)를 보니 '무학오심도차(無學誤尋到此)'라는 여섯 글자가 크게 새겨져 있었다. 이는 무학이 맥을 잘못 짚어 여기에 온다는 뜻이며 곧 도선이 세운 것이었다. 이에 무학은 길을 바꿔, 만경대에서 정남쪽 맥을 따라 백악산 밑에 도착했다. 이 세 곳의 수맥이 합쳐져서 한 들로 된 것을 보고 드디어 궁성터를 정하였는데 곧 고려 때 오얏을 심던 곳이었다."

이 전설은 송도에 이어 한양에 도읍하는 새 왕조가 생기는 것이 필연임을 말해 주고 있다. 따라서 조선 왕조가 개국의 합리화를 위해 민간에 의도적으로 퍼뜨린 전설일 가능성이 크다.

이런 전설의 사실 유무는 여기서 따질 바 아니다. 다만 이것으로 풍수지리가 얼마나 집요하게 우리 선조들의 의식 구조를 지배하고 있었나 하는 점은 여지없이 확인된다. 때문에 조선조의 멸망 원인을 북한산의 풍수지리에서 찾고자 했던 사람이 많았다는 사실은 지극히 자연스런 한국인의 반응으로 볼 수가 있다.

경복궁의 주산인 백악의 모습이 창백하고 멀리서 보면 칼을 맞은 흉터가 있어 명성황후 민비가 왜놈의 자객에 시해당했다는 설이 한때 널리 유포되기도 했다. 그런가 하면 주산인 백악보다 그것을 보필해야 하는 우백호의 인왕산 지세가 더 강하여 임금의 외척들이 득세하여 결국 나라를 망쳐 놓았다는 이야기도 나돌았다.

한일합방 뒤 풍수에 대한 한국인의 믿음은 일본인의 고등한 정치 심리전에 이용되기도 했다. 그 일본인의 간교한 정치적 공작에 가장 큰 피해를 본 산이 바로 북한산이다. 1927년 3월 일본인들은 북한산의 주봉인 백운대에 계단을 만들고 쇠난간을 설치했다. 누구든 쉽게 조선조 왕실의 상징인 그 정상을 넘볼 수 있도록 만든 것이다.

그해 조선총독부는 경성일보와 매일신보 등에 공모하여 백운대 등산로 준공을 기념하는 탐승회를 대대적으로 개최했다. 50여 명의 선수가 참가한 이 탐승회는 효자리에서 북한리와 중성을 거쳐 백운대로 올라가는 코스로 이어졌다. 이 탐승회는 그 뒤 같은 코스에서 봄 가을 두 차례에 등산 대회를 연 계기가 되었다.

왕에 대한 충성과 숭모 정신이 독립 정신으로 전이될 것을 우려했던 일본인들은 왕실의 상징이던 북한산의 정상을 조선인들이 밟게 함으로써 조선의 정통성을 스스로 부정하도록 만드는 데 성공한 것이었다.

그 무렵 일본인들은 조선 사람을 절망케 할 더욱 간악한 꾀를 내었다. 일본인들은 자신들이 조선 산의 맥을 짚어 그 혈점에 철주를 박았다는 얘기를 민간에 널리 퍼뜨렸다. 특히 북한산의 삼각혈에 박은 쇠못으로 한민족의 정기는 완전히 끊어졌다고 했다. 그 철주를 제거한다 해도 끊어진 정기는 30년 이상 복구되지 않는다는 얘기도 퍼져 나갔다. 풍수 사상에 대한 한국인의 신앙심을 역이용한 정치 공작이었다. 땅의 정기마저 끊어졌으니 독립에의 희망을 버리고 내선 일체 사상에 동조하라는 최면을 건 것이었다.

해방 뒤에도 일본인이 북한산의 정기를 끊어 놓기 위해 그 정수리에 철심을 박아 놓았다는 얘기가 심심찮게 나돌았다. 그러나 누구도 그것을 역사적 사실로는 받아들이지 않았다. 다만 너무도 치밀하고 간악했던 일본 식민 정책을 짐작케 해주는 하나의 비유로만 받아들였다. 1980년대까지도 그런 분위기였다.

을지로 5가에서 식당업을 하는 백태흠(70세)이라는 노인이 있다. 그는 1982년 어느 월간지에서 북한산 노적봉 정수리에 일인들이 박아 놓았다는 것일지도 모르는 쇠침의 끄트머리가 있다는 기사를 보았다. 기사를 본 그날로 백태흠 씨는 북한산 노적봉의 현장으로 달려갔다. 현장을 살펴보고서 그는 풍수적 주술 효과를 노린 일본인 짓이라는 확신을 가졌다. 그 노적봉의 화강암 정수리 속에 끄트머리가 보일락말락한 철침을 박을 다른 이유를 찾지 못했기 때문이었다.

그 다음 주 휴일부터 그의 끈질긴 철주 제거 작업이 시작되었다. 직경 4센티미터의 그 철침은 보통 쇠가 아닌 신주라는 구리로 제작된 것이었다. 파도파도 신주의 끝은 드러나지 않았다. 바위 손상을 피하기 위해 끌로 철주 주변만 둥글게 파내야 했기에 시간이 무척 오래 걸리는 고된 작업이었다. 그는 1년을 넘게 주말마다 그 외롭고 고된 작업을 해왔다. 1년 만에 끝을 보인 그 신주의 길이는 무려 140센티미터나 되었다. 신주가 막 드러날 무렵, 백태홈 씨가 본 월간지의 기사를 쓴 기자가 우연히 그 현장을 목격하게 되었다. 백씨는 그 잡지사에도 연락하지 않고 다만 일본인이 건 주술을 자기가 풀겠다는 뜻으로 혼자서 작업해 왔던 것이다.

북한산 암봉들 여름 소나기에 금방 얼굴을 씻은 북한산 암봉들의 바위 얼굴이 풋풋하고 해맑다. 주봉 백운대가 가운데 솟았고 그 오른쪽에 인수봉이 구름 속에 암초처럼 떠 있다.

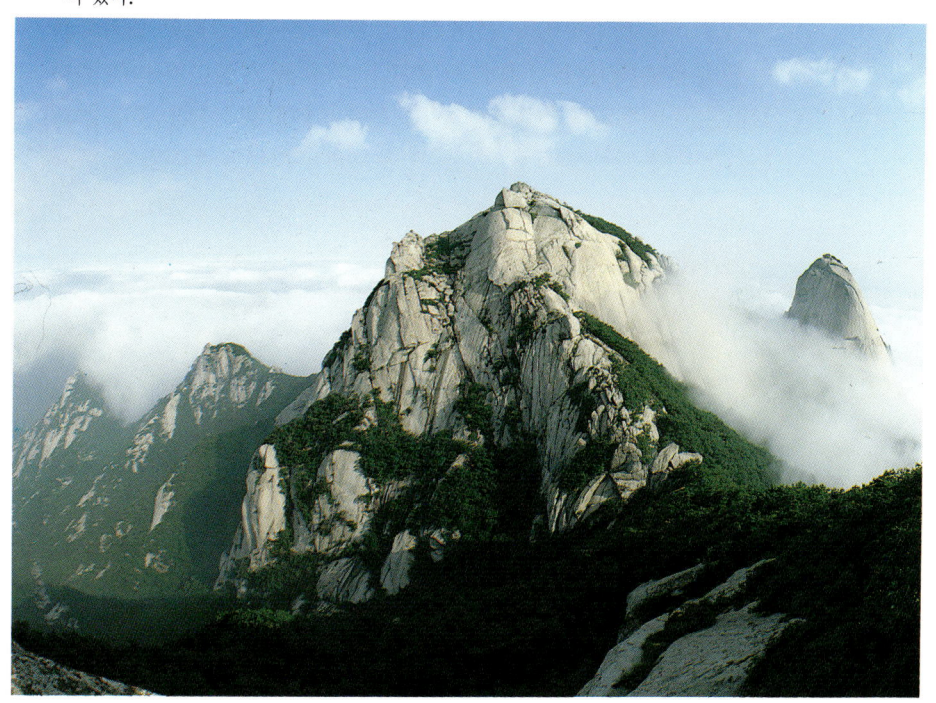

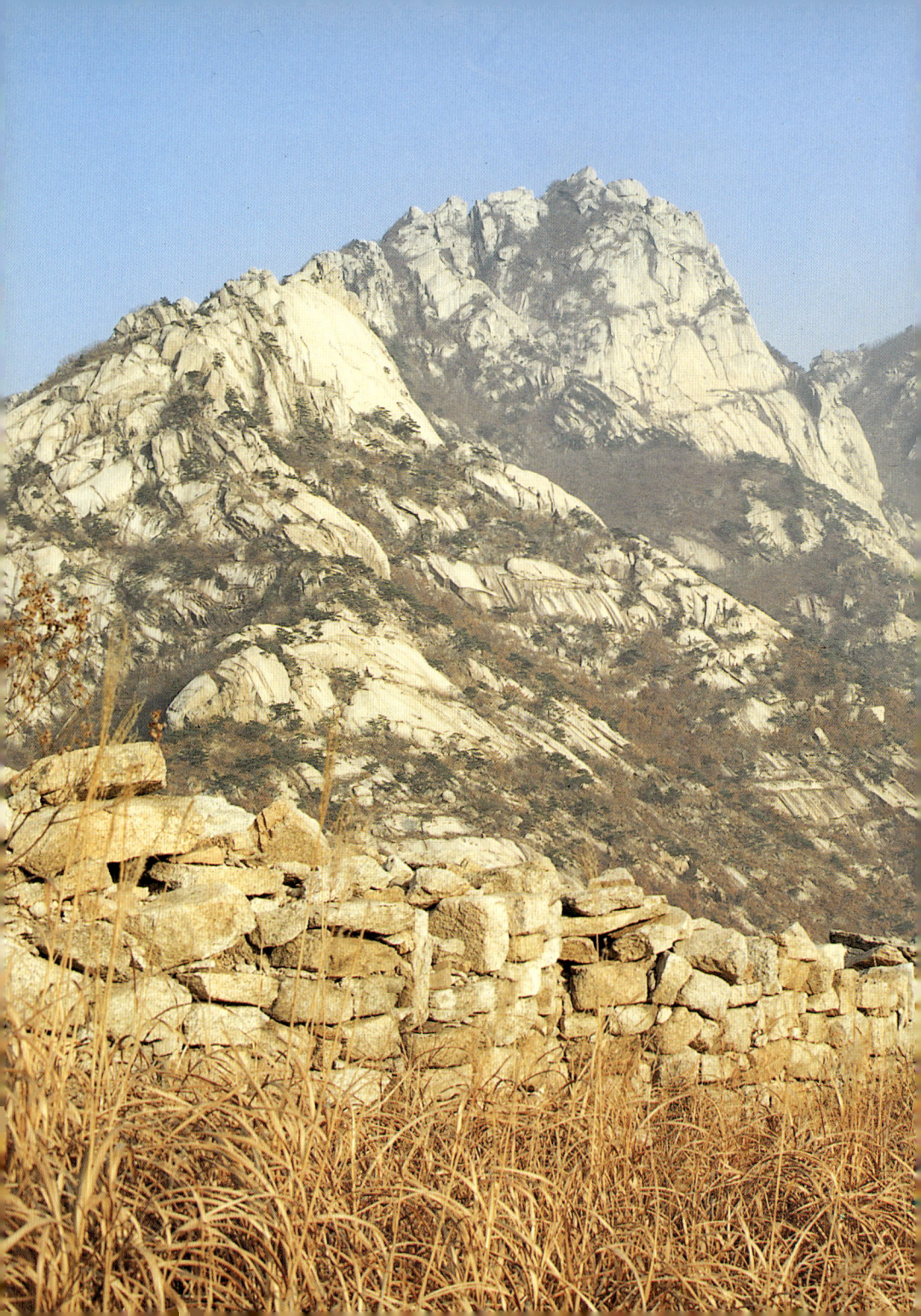

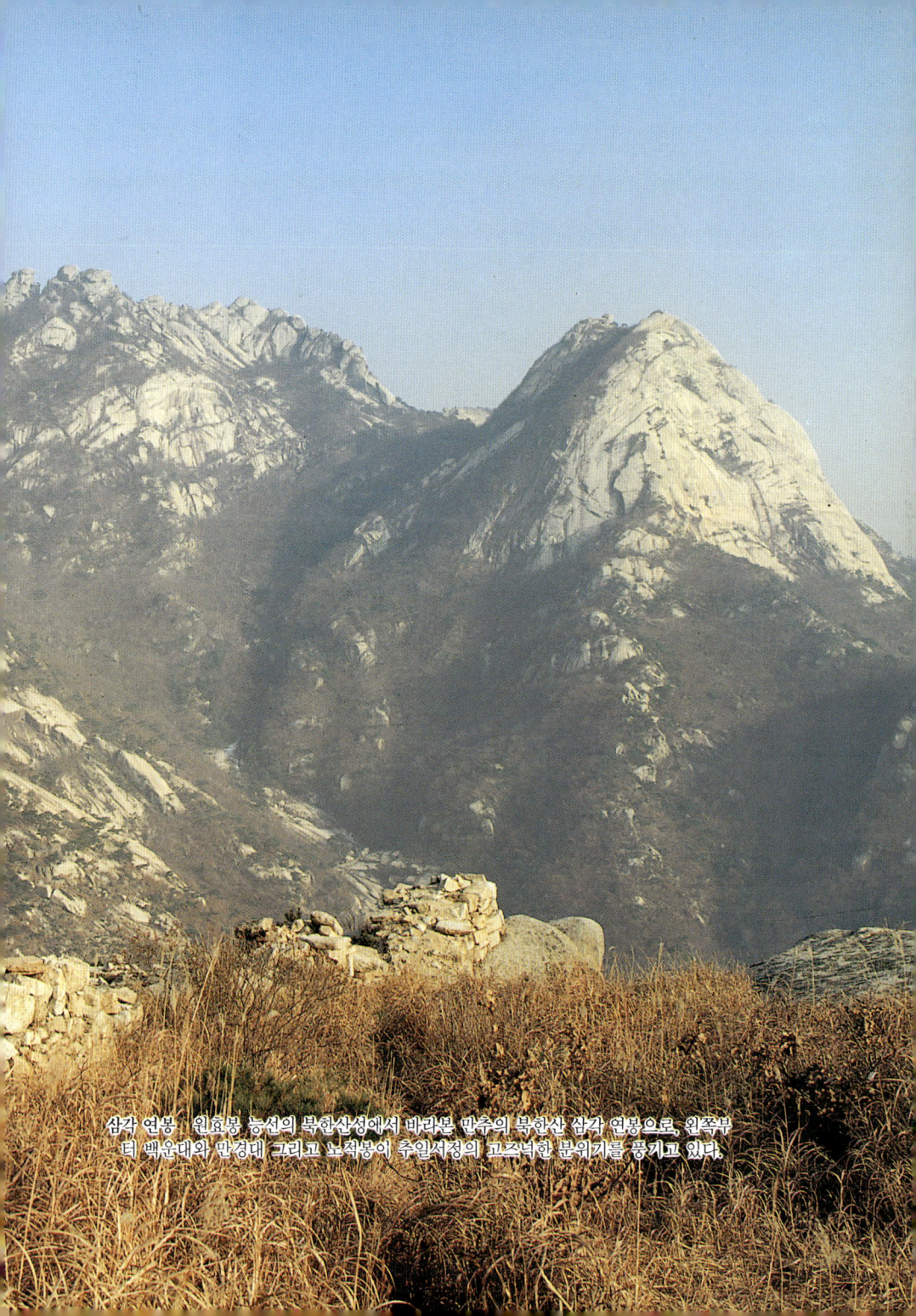

삼각 연봉   인효봉 능선의 북한산성에서 바라본 만추의 북한산 삼각 연봉으로, 왼쪽부
터 백운대와 만경대 그리고 노적봉이 주일서정의 고즈넉한 분위기를 풍기고 있다.

그 기자와의 우연한 만남으로 백태흠 씨의 그 이색적인 철주 제거 작업은 세상에 알려지게 되었다. 그 노적봉의 철주는 지금도 백씨가 보관하고 있다.

"그럼! 이런 건 독립기념관에 보관돼야 하지. 이것 이상 일제 식민 만행을 말해 주는 게 어디 있겠어. 어느 신문사에 연락해서 그런 뜻을 전해 봤지. 그런데 시큰둥하게 말하며 가져와 보라는 거야. 내가 뭐, 고철들고 다니며 팔아서 엿 사먹을 일이 있어. 세상이 알아볼 때까지 내가 갖고 있는 거지 뭐!"

고희의 나이가 믿어지지 않을 만큼 아직도 정정한 백씨는 요즘도 어김없이 매주 한 차례씩 북한산을 찾아 이 산의 정기를 지키는 파수꾼역을 자임하고 있다. 그는 매년 인수봉에서 산신제를 지내는 것으로도 널리 알려졌다.

백씨의 이 철주 제거 작업은 민족 정신을 되찾으려는 지식인들에게 참신한 자극을 주었다. 그리하여 1985년에는 한민족의 뿌리를 되찾으려는 사람들이 모인 산악회인 '오르내림 산우회'에서 학술 조사를 벌인 끝에 백운대 정상 일대에 박혀 있던 철주 22개를 뽑는 문화 이벤트를 벌이게끔 하였다.

사회적으로 상당한 파급 효과를 가져왔던 이 이벤트를 두고 관계자들 사이에 상당한 논란이 벌어졌다. 그 철주가 일본인에 의해 박혔다는 점에는 이견이 없었다. 그것은 오르내림 산우회에서 당시 북한산 백운 산장에 58년째 살고 있던 산장 관리인 이영구 씨의 어머니 최태희 옹의 진술로 사실로 드러났던 까닭이다. 최옹은 21세 때 백운대 정상에 쇠못 박는 일본인에게 밥을 날라다 주었다고 밝혔으며 1943년경에 개성 송악산에 철주를 박는 일본인의 작업에 참여했다는 전직 경찰관의 증언을 들었다고 했다.

전직 경찰관의 경우 '철주를 박기 위해 상부에서 사람이 내려왔고, 산꼭대기까지 남전(南電)의 전기줄을 끌어들여 전기 드릴로 구멍을 팠으며 자신은 시멘트 작업을 위한 물을 날랐다'고 증언했다 한다. 그 최옹의 증언으로 백운대에 쇠침을 박은 장본인이 일본인임을 의심할 바 없는 사실로 확인된 것이다. 그러나 일본인이 백운대에 쇠침을 박은 목적에 대해서는 대체로 세 가지의 다른 의견이 나왔다.

그 첫째가 '삼각기점설'이며 둘째가 '방향표지설'이며 나머지 하나가 '풍수비보설'이다.

첫째 의견은 철주들이 삼각기점용이기에는 너무 불규칙적인 데다 백태흠 씨가 빼낸 철주의 길이와 그 구리로 만든 소재의 특이성을 설명해 낼 수가 없었다.

백운대의 당골들 사이에서 나온 두번째 의견도 설득력이 약했다. 그들은 철주가 구부러진 방향에 금강산이 있고 송악산이 있는가 하면 인천 앞바다가 보인다는 것이다. 그러나 철주의 구부러진 상태를 자세히 관찰한 결과 처음부터 방향을 가리키기 위해 구부린 것이 아님을 알 수 있었다. 백운대는 남쪽으로 만경대에, 동북쪽은 인수봉에 가려 있다. 그런 백운대에 방향 표시를 위해 22개의 철주를 박았을 리는 만무하다는 것이다. 더구나 백태흠 씨가 빼낸 신주는 그 끝이 구부러져 있지도 않았다. 그렇게 하여 앞의 두 의견이 설득력을 잃어 풍수설에 입각한 세번째 의견이 정설로 받아들여지게 되었다.

1985년 3월부터 세 차례에 걸쳐 백운대 정상의 철주를 제거한 오르내림 산우회는 광복 40돌을 맞은 그해 8월 15일에 백운대 꼭대기에서 천단제와 산신제를 올렸다. 그들은 제문을 통해 "북한산신이여 백운대 정수리와 명치에 일본인들이 박아 둔 독침이 제거되었으니, 부디 이 북한산의 정기를 되살려 주소서" 하고 축원했다.

오늘의 북한산

한국 산악 운동의 요람인 수도의 진산

산신제를 올린 이들 오르내림 산우회의 축원은 북한리의 김정옥 씨가 받은 축복과도 연결된다. 북한산의 정기는 김정옥 씨가 캔 산삼이 입증하듯 일본인이 행한 풍수 주술로도 죽지 않았다는 것이 입증되었기 때문이다.

북한산의 정기가 살아 있는 한, 북한산에는 산삼이 자라고 있을 것이다. 다만 그것을 발견하는 것은 사람의 복에 관한 문제다. 산삼을 얻을 만큼 복을 타고난 사람이어야 북한산 산성 계곡에서 산삼을 자기 복으로 만들 수 있는 것이다.

북한산에서의 '거석 체험'은 그것이 민속 신앙으로 자리잡는 한편으로, 이 땅에 알피니즘(Alpinism)이라는 새로운 산악 운동의 요람이 되게 했다. 인수봉이나 노적봉 등 북한산 '거석'을 처음 체험한 사람은 그가 설혹 여자라 하더라도 그 '남성 발견'은 그 거석을 탐험하여 정상에 서 보려는 모험 정신—그것이 바로 서구 알피니즘의 본질이다—으로 전이되었던 것이다.

서구 근대 등산관의 요체는 산행에 산 이외의 다른 것에 목적을 두지 않는 데 있다. 말하자면 현실적인 어떤 이익 추구나 목적 의식이 있을 때 그것은 알피니즘에 입각한 등산 행위가 아니라는 것이다. 그런 서구 근대 등산관을 바탕에 둔 알피니즘이 이 땅에 처음으로 불을 붙인 암벽이 '거석'으로서의 북한산 인수봉이다. 그 뒤 인수봉을 비롯한 북한산의 숱한 거석은 숨은벽, 병풍암, 노적봉, 백운대 동벽, 인왕산, 보현봉, 수리봉이라는 이름으로 한국 알피니즘 발전사에 메카 역할을 했다. 여기서 기량을 익힌 한국 알피니스트들은 1977년에 세계 최고봉 에베레스트를 등정하는 것을 계기로 지난 1992년까지 8,000미터가 넘는 8,000미터급 14봉우리를 모두 오르는 위업을 쌓았다. 이로써 독특한 산악 사상을 가진 한국인은 중진

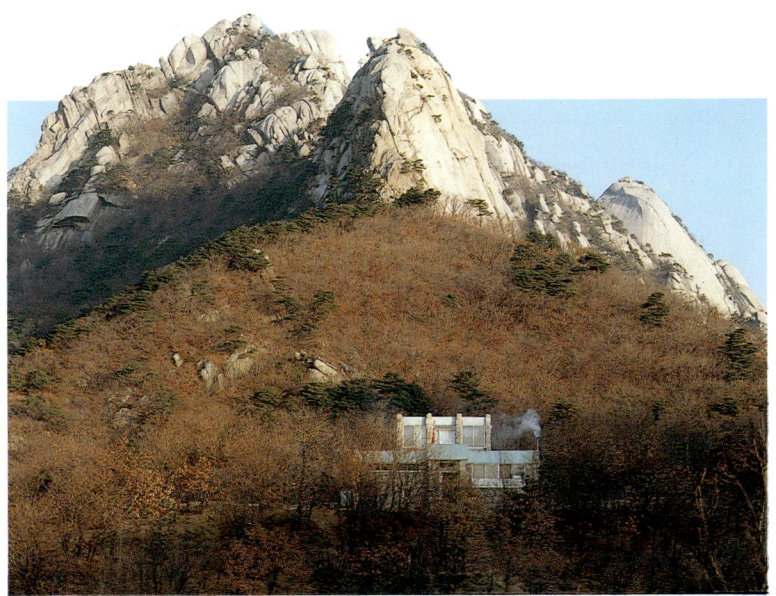

북한 산장　병풍암 능선 밑에 자리잡은 이 산장의 굴뚝에서 피어나는 연기가 매케하면서도 따사롭다.

국을 막 넘어선 국력과는 비교하기 어려운 세계 산악 열강의 대열에 끼이게 된 것이다.

1980년대 중반부터 지금까지 네팔 히말라야에서 우리나라는 매해 가장 많은 산악인을 원정 등반을 시키고 있으며 한국 알피니즘의 전위들은 그곳에서 뛰어난 등반 성과를 올리고 있다. 그런 한국 알피니스트들은 북한산 거석의 하늘을 향해 드높이 솟아오르는 남성적인 정기에 의해, 그가 비록 지방 출신의 산악인이라 할지라도 자신을 인수봉의 아들딸로 인정하지 않을 수 없다. 그래서 북한산 인수봉은 한국 산악 운동의 아버지가 되고 어머니가 된다.

1926년 주한 영국인 아처와 한국인 임무(林茂) 씨에 의해 인수봉의 초등반이 기록된다. 그 5년 뒤에 일본인이 주축이 되었지만 한국인도 일부 참여한 '조선 산악회'가 창립되었다. 그 뒤 20년 동안은 북한산과 도봉산의 '거석'의 처녀성을 유린하는 경쟁에 산꾼이면 너도나도 열을 올린 초등반 시대가 지속되었다. 그 초등반 대열에 앞장섰던 바위꾼들의 단체가 1931년에 결속된 '백령회'였다.

백령회는 한국인만의 산악 단체였다. 거석의 처녀성을 일본인이 유린하는 것을 용납할 수 없는 한국 사람의 피를 가진 사람들만 모인 것이다. 해방 뒤 백령회는 미군정 당국에 진단학회에 이어 두번째의 사회 단체로 등록했다. 그만큼 활발하게 움직여 한국 산악 운동의 본령을 이룬 백령회였다. 그 백령회의 젊은 호랑이를 키운 도량이 바로 북한산의 거석이었음은 말할 것도 없다.

백운대 남벽은 1934년 5월 백령회의 김정태, 엄홍섭 씨가 초등했다. 노적봉은 전면 슬랩 코스를 통해 김정태, 엄홍섭, 양두철, 김효중 씨 등의 백령회원들에게 그 처녀성을 안겼다. 위문에서 만경대로 이어지는 암릉도 백령회의 산사나이들이 초등했다. 1935년 김정태, 엄홍섭 씨가 오늘날 만경대리지로 불리는 이 암릉에 첫길을 내었다.

인수봉에서 이렇게 시작된 초창기의 개척 등반은 1960년대에서 1970년대의 인공 암벽 등반 시대를 열어 오늘날에는 인수봉에만 60여 개의 바윗길이 날 정도로 이 땅에도 알피니즘이라는 꽃이 활짝 폈다.

한해 440만 명이 찾는 북한산 국립공원

기술 등반을 추구하는 알피니스트만이 아니라 하이킹을 즐기는 인구도 1980년대 이후 엄청나게 불어났다. 그래서 오늘날 휴일의 북한산은 그 과도한 산사랑에 몸살을 앓고 있다.

1984년 관계 당국은 이웃 도봉산과 묶어 북한산을 국립공원으로 지정했다. 북한산 국립공원의 총면적은 78.5평방 킬로미터로 그 가운데 북한산 쪽이 54.5평방 킬로미터를 차지한다.

흔히 북한산을 버스표 하나로 찾아갈 수 있는 세계 유일의 수도권 산이라고 말한다. 그만큼 서울에 가깝게 있는 게 사실이기도 하다. 그래서 서울이 북한산이며 북한산이 곧 서울이라는 말도 나온다. 그만큼 가까이 있기에 손쉽게 찾아갈 수 있다. 1992년의 경우 440 만의 탐방객이 북한산을 찾은 것으로 북한산 국립공원 관리소는 집계하고 있다. 등산객의 편의 시설로 도선사 주차장 입구에는 우이 산장, 하루재 너머 인수 산장, 백운암 자리의 백운 산장 그리고 용암 사 터에는 북한 산장이 들어서 있다.

북한산이 가까워진 만큼 그리워지는 것이 있다. 북한산이 서울에 서 먼 거리에 떨어져 있던 지난 시대의 북한산이 그렇다. 그 시절의 북한산은 먼 만큼 가까이 두고 싶은 어떤 상징이었다. 해방 직후 전차를 이용했던 대중 교통편은 돈암동이 종점이었다. 당시 산꾼들 은 주말이면 돈암동에 집결했다. 그곳에서부터 삼양동 고개인 개나

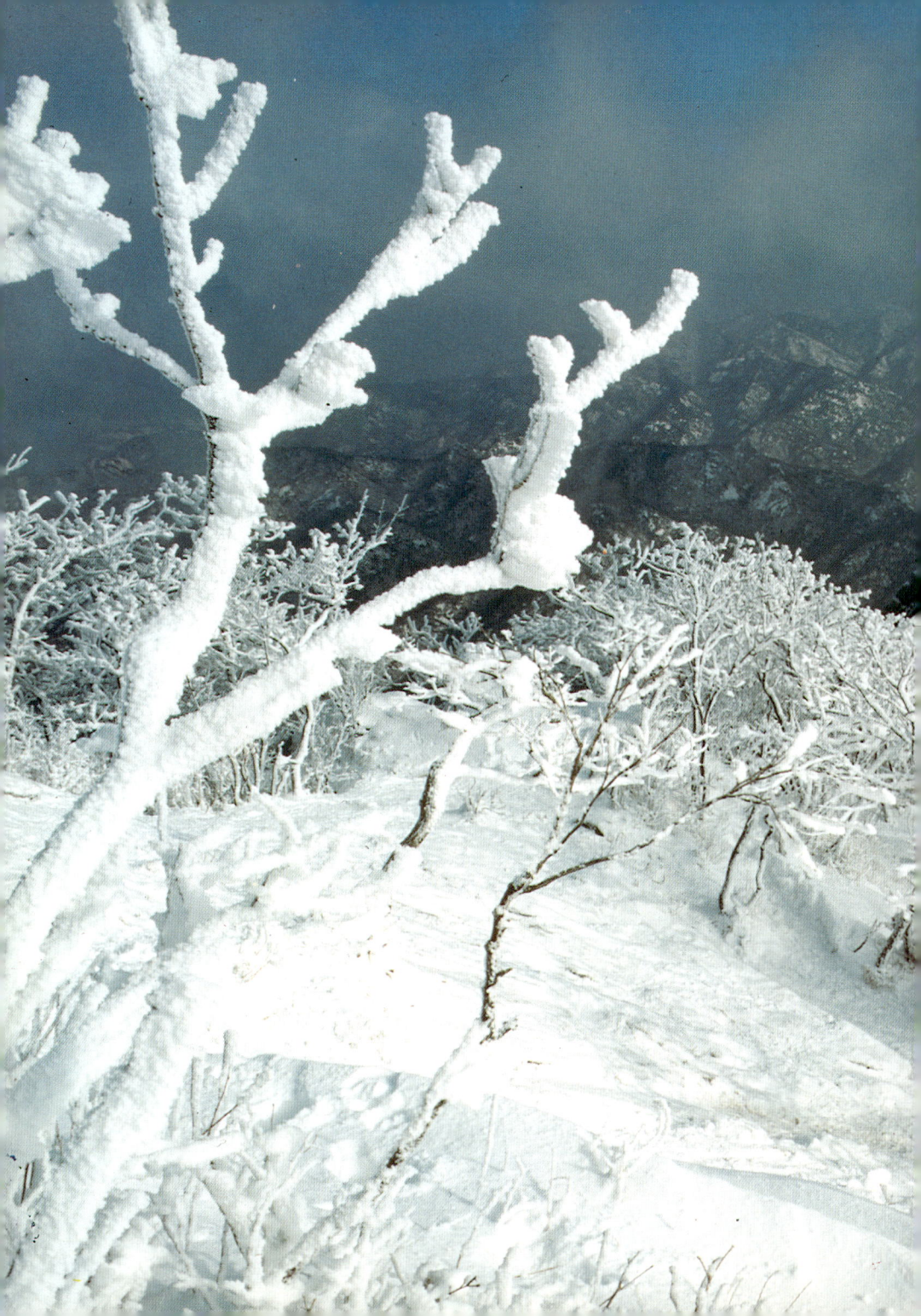

백운대 정상 일대에 피어난 눈꽃 설화 너머로 인수봉의 남성미가 겨울 추위까지 압도하며 우뚝하게 솟아 있다. 북한산 체험은 이러한 북한산의 '남성 발견'으로 연결된다.

리 고개를 넘어 오늘날 백운 산장이 있는 백운암까지 가는 데 꼬박 하루가 걸렸다. 그곳에서 하룻밤을 묵고서 그 다음날에야 인수봉이나 백운대의 암벽에 매달릴 수 있었다. 돈암동에서 목탄을 피우며 다니는 분뇨차나 장작 운반차에 편승하는 운수 좋은 날도 있었다.

조금 살 만하다는 소리가 나면서 북한산은 장터로 바뀌는가 하면 그 기슭이 파헤쳐지고 훼손되기 시작했다. 지금은 외적 대신에 '개발'이라는 이름의 서울이 동쪽과 남쪽에서 북한산성으로 쳐올라오고 있는 형국이다. 그 노도 같은 기세에 북한산은 서해 바다 쪽으로 몸을 돌려 도망가다 발목이 잡힌 형상을 하고 있다. 북한산은 더 이상 도망갈 수 없는 막다른 골목에서 제 몸을 웅크리고 있는 것이다.

5·16 직후에 도선사까지 차량 도로가 났다. 제3공화국은 불도저로 이 땅 명산의 모든 심장부에 도로를 깐 '불도저 정부'였다. 도로를 따라 도선사 바로 아래쪽에 선운각이라는 요정집이 따라 들어왔다. 북한산에서 가장 수려하다는 계곡에 선운각이 들어선 것은 그 뒤 북한산이 수도 시민의 건강한 휴식터가 아니라 유흥장으로 전락하기 시작한 신호탄이 되었다.

정치 사회적 모순과 불만이 낳은 쓰레기 하치장으로 전락한 1980년대를 거치며 북한산을 사랑하는 산사람의 자연 보호 의식도 상당히 고취되었다. 개발만이 능사가 아니며 섣부른 개발이 자연 훼손의 동기를 부여하기 쉽다는 깨어난 의식으로 뭉친 서울의 산악인들은 1980년대 중반 북한산에 설치하려던 케이블카 계획을 백지화시킨 바 있다. 그 뒤 '북한산을 살리자'는 운동은 산악인들 사이에 절대 절명의 신앙이 되어 가고 있다.

북한산은 그런 믿음으로 솟아난 산이다. 북한산을 신앙의 대상으로 삼을 때 북한산의 한 말산인 인왕산의 역할을 상기하지 않을 수가 없게 된다.

인왕산에는 북한산 거석의 축소판으로 '선바위'가 있다. 서대문구 현저동의 산(山) 2번지. 그 인왕산 중허리의 달동네에 흔히 '선바위'로 불리는 두 바위 거인이 있다. 달동네의 애환과 함께 그 달동네의 애처롭고 자질구레한 일상과 함께 살아가고 있는 '선바위'는 '거석 숭배'의 다시없는 상징이다. 서울 지역 민간 신앙의 중심지로 그 메카를 이룬 인왕산에 서 있는 이 '선바위'야말로 서울 사람의 북한산 '거석 체험'에 대한 신앙을 상징해 주고 있다.

한해 440만 명이나 찾아가서 그 품에 쉬었다가 오는 북한산은 그 일대가 제아무리 공해에 찌들어가고 훼손되고 있다 하더라도, 서울 사람에게는 그 전체가 신앙의 대상인 '선바위'인 것이다. 그래서 서울 사람은 북한산을 오르는 대신에 믿는다. 그 믿음은 조선조 때 쌓은 북한산성의 16개 성문 가운데 12개가 능선상에 남아 있는 성문의 '구멍 체험'을 통해서 실현된다.

세검정 쪽 인왕산 기슭 그리고 우이동 도선사 주차장으로 올라가는 길에 '붙임 바위'가 있다. '부암'으로 불리는 이런 바위는 앞의 두 곳뿐 아니라 온통 화강암질 바위로 된 북한산이고 보면 그 밑둥을 빙 두르고 있는 진관내동, 무당골, 구기동, 우이동 등 산동네마다 한두 개씩 갖고 있다.

그런 '붙임 바위'에는 주먹만한 크기의 조약돌이나 차돌이 붙어 있다. 모암인 붙임 바위에 그 아들딸이 되는 조약돌을 줄기차게 부벼대면 어느새 바위면이 오목하게 패어 조약돌이 들러붙게 된다. 그러면 영락없이 아이를 갖게 된다고 우리의 선조들은 믿었었다. 이 석녀들의 부암에 대한 '애기 빌기' 신앙 또한 삼각산 바위에 대한 서울 사람의 신앙심을 절실하게 보여 준다. 이것 또한 '구멍 체험'의 한 전형이 아닐 수 없다.

붙임 바위는 에로스의 '모티브'를 갖고 있다. 성행위를 뜻하고 있는 것이다. 붙임 바위의 모암에 조약돌이라는 부암이 파고드는

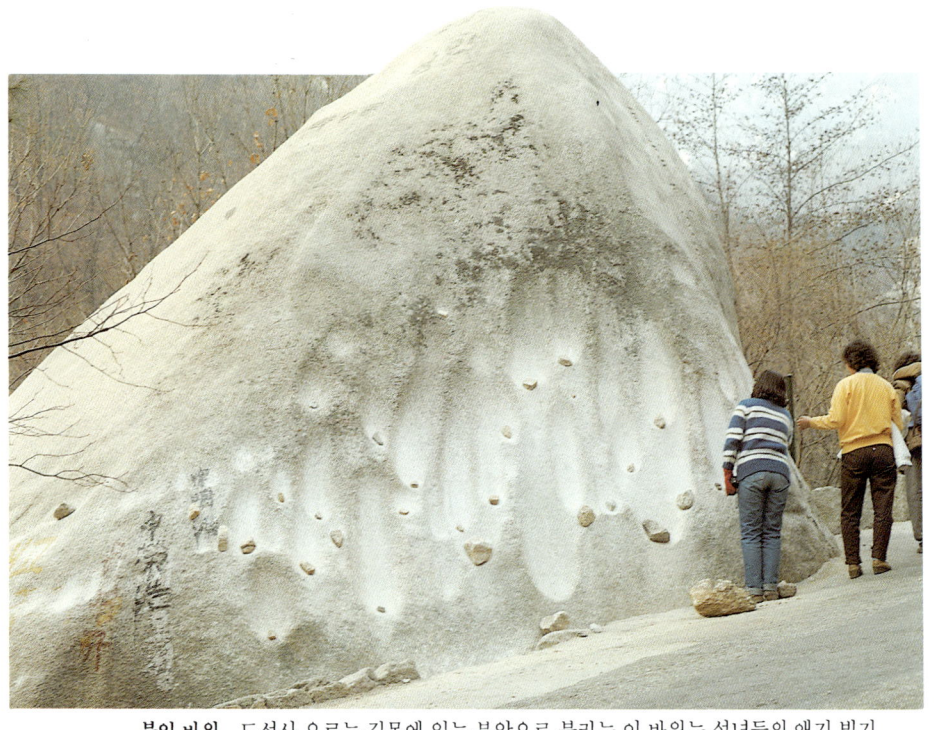

붙임 바위 도선사 오르는 길목에 있는 부암으로 불리는 이 바위는 석녀들의 애기 빌기 신앙에서 나온 '에로스'의 모티브를 쉽게 읽을 수 있다.

바에는 애기집에 애기씨를 꼭 들어맞게 앉힐 수 있으리라고 믿게 되었다. 그 단단하던 바위에 홈이 생기고 그것과 차돌이 빈틈없이 하나로 맺어질 때 돌을 부벼대는 석녀의 몸은 온통 땀으로 젖어 돌과 하나가 되는 낯부끄러운 쾌감으로 몸을 떨게 된다. 그 순간 생리도 바위와 하나가 되고 정서도 바위와 하나가 되는 '일체감'에 휩싸인다. 그러기에 붙임 바위에 애기를 낳게 해달라고 빌며 조약돌을 부벼대는 것 이상의 인간적인 행위는 없다. 그럴 때 바위는 생리의 체온이 있고 감정의 홍조를 띤다. 체온이 있고 감정이 있는 것은 이미 바위가 아니다. 그것은 바로 사람이다.

북한산의 거석에는 조약돌 대신에 제몸을 목숨 건 정성으로 부벼 대는 사람이 많다. 그런 사람들을 알피니스트라 부르건 산악인이라 부르건 상관할 일이 못 된다. 다만 그들은 바위와 하나가 되려고 온몸을 바위에 부벼대는 '바위 신도'들로 파악하면 그만인 것이다. 그런 바위 신도 또한 엄청나게 많아서 인수봉이나 노적봉 또는 병풍 암 등 주말의 북한산 거석들은 하나의 거대한 '붙임 바위'가 된다.

붙임 바위는 곧 애기를 낳는다. 탯줄 같은 등산줄(자일)을 타고서 내려오며 어미된 인수봉 거석에서 새로운 사람이 태어난다. 그는 사람의 아들로 북한산에 올라가서 산의 아들로 다시 태어나는 것이 다. 산의 아들이 기다리는 것은… 하지만 하산이다. 하산은 산의 아들이 사람의 아들로 되돌아감을 말한다. 인수봉이나 노적봉을 내려선 산의 아들은 그 바위와 연결되어 있던 탯줄을 끊고 그리고 서울로 되돌아온다. 그가 되돌아오는 경계에 놓여 있는 것 또한 북한산성의 구멍이다. 그 구멍을 지나가는 '구멍 체험'은 그렇게 '변신' 또는 '전환'의 통과 제의가 된다.

산의 아들도 그 구멍을 지나 사람의 아들 속에 섞여 다시 서울에 서 어지럽게 살아가야 한다. 하지만 그는 여느 사람의 아들과는 다르다. 전생에 산의 아들이었음을 그 '구멍 체험'이 언제나 상기시 켜 주기 때문이다. 산의 아들이었던 기억이 꿈결처럼 희미해져 가도 그 구멍을 통과하면서 안팎이 뒤바뀌며 세상이 뒤바뀌었던 기억만 은 너무도 생생하여 잊을 수가 없게 되는 것이다.

북한산에는 바위가 많다. 그 바위를 바라볼 수 있는 길목에는 어김없이 조선 숙종 때 만들어진 구멍이 있다. 그 구멍을 지나면 사람은 산이 된다. 산이 된 사람이 산속을 잠시나마 어슬렁거리다가 서울로 내려올 때도 그 구멍을 지나가야 한다. 그 구멍 아래쪽에서 는 산도 사람이 된다. 북한산은 그런 바위와 구멍이 있는 산이다.

서울은 그 이름을 한양으로 바꿔 불러 보면, 서울이 곧 북한산

자체임을 한양 천도의 역사는 알게 한다. 그 서울로서의 북한산은 산의 나라에서도 곧 서울이다.

서울이 수도로서의 품격을 지니는 만큼 북한산도 수려하다. 북한산을 이룬 거석의 수려함은 다른 지방의 산들은 쫓아갈 시늉도 내지 못할 정도로 빼어난 바 있다. 서울의 산다운 수려함은 북한산을 이룬 암봉의 희디흰 바위빛에서 나와 바라보는 눈을 부시게 만든다. 그 수려함을 날마다 바라볼 수 있는 서울 사람의 행복은 그러나 사람도 북한산만큼 준수하고 수려해야 함을 요구하고 있다.

서울 사람이 북한산에 어울리는 수려함을 지닐 수 있을까? 북한산 20리 주릉에 뚫려 있는 역사의 '구멍'을 지나서 그 속에 솟아 있는 '거석'을 마주하는 산악 신앙 속에서 그런 질문을 스스로에게 던져 보는 일이 아직은 우리 몫으로 남아 있다. 그것이 곧 북한산 가는 길이다.

산이 한민족의 어머니라면, 북한산은 서울 사람의 영원한 성모(聖母)로서의 처녀이다. 역사의 소용돌이가 제아무리 산기슭을 할퀴고 지나가고, 전란에 산중승국의 수백 채 전각들이 모두 불탔다 해도, 북한산은 그 희디흰 바위살 밑에 봉창해 둔 처녀성을 잃지 않았다. 그 처녀성을 기억하기에 오늘도 북한산을 찾는 숱한 서울 사람들은 북한산과 더불어 살아갈 운명을 확인하고 있는 것이다.

북한산의 등산로

　북한산 오르는 길은 대략 6, 7개의 뼈대로 구성된다. 그 가운데 주골간은 대남문—대성문—보국문—대동문—용남문—위문으로 이어지는 5킬로미터 길이의 주능선이다. 그리고 북한산 등산로의 기점을 이루는 우이동, 4·19탑, 정릉, 세검정, 평창동 그리고 구파발 등에서 각각 주능선의 12성문으로 이어지는 능선길이나 계곡길이 나머지 뼈대들이다.

　이를 차례대로 보면 다음과 같다.

　1. 세검정의 구기동에서 시작되는 등산로는 대남문으로 이어진다.

　2. 평창동에서 오르는 코스는 보현봉 능선을 타고 가 대남문이나 대성문으로 이어진다.

　3. 정릉 방면에서 시작되는 등산로는 거의 대성문이나 보국문에 연결된다.

　4. 수유리 화계사와 조병옥 박사 묘소로 들어가서는 칼바위 능선을 타고 가면 보국문 북동쪽 약 200미터 지점의 산성으로 이어진다. 4·19탑 방향의 등산로는 대동문으로 이어진다.

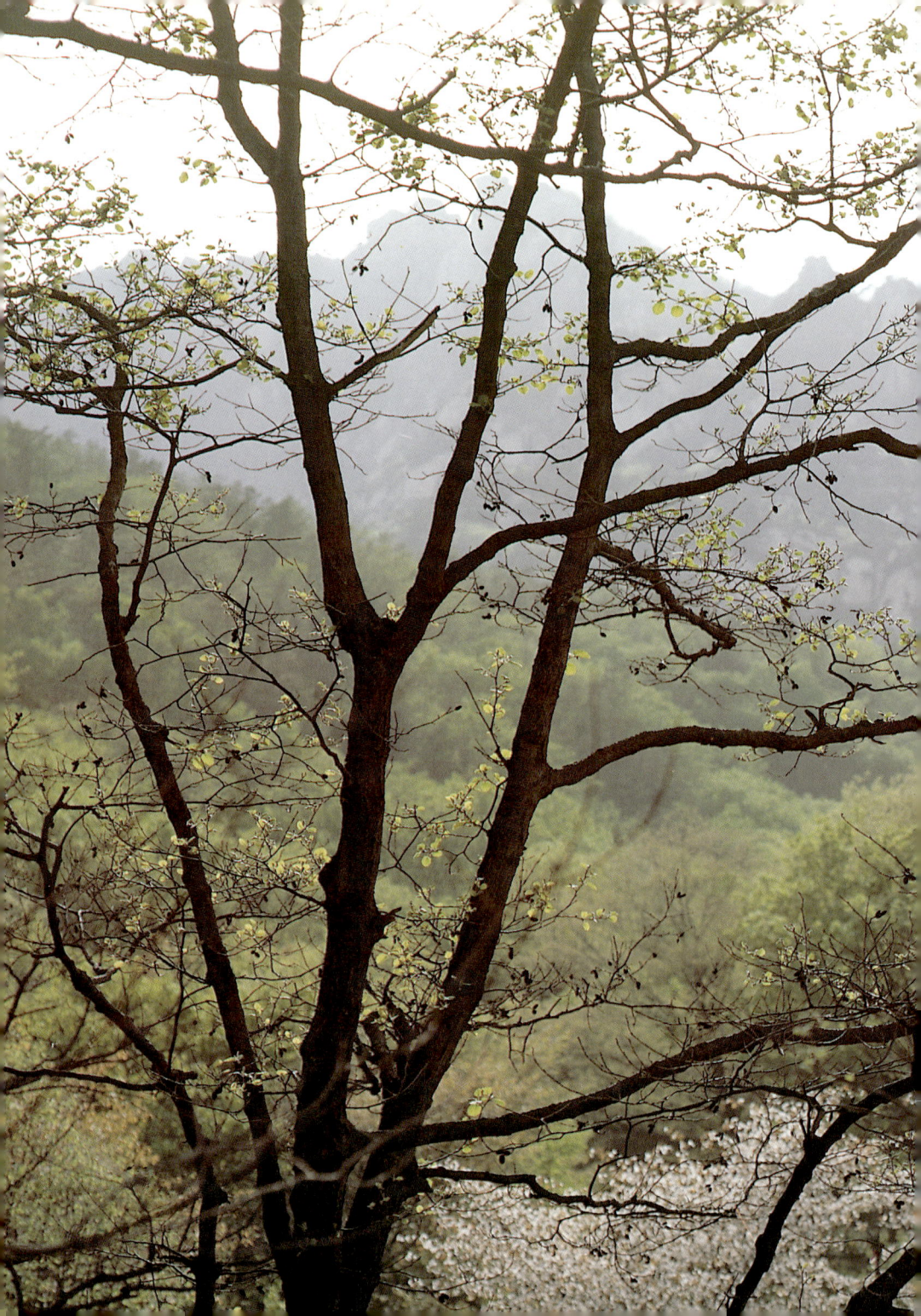

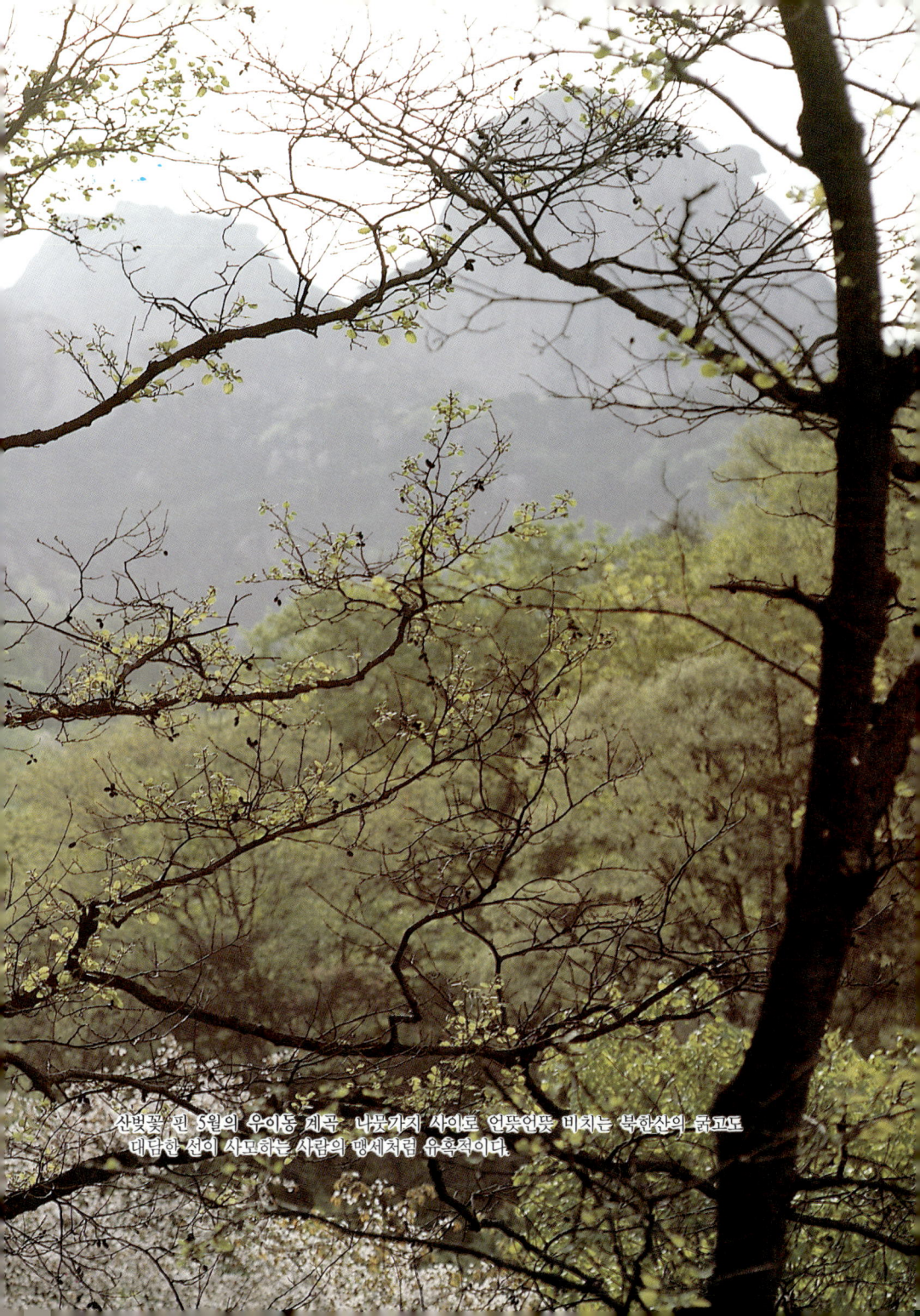

산벚꽃 핀 5월의 우이동 계곡 나뭇가지 사이로 언뜻언뜻 비치는 북한산의 굵고도 대담한 선이 사모하는 사람의 맹세처럼 유혹적이다.

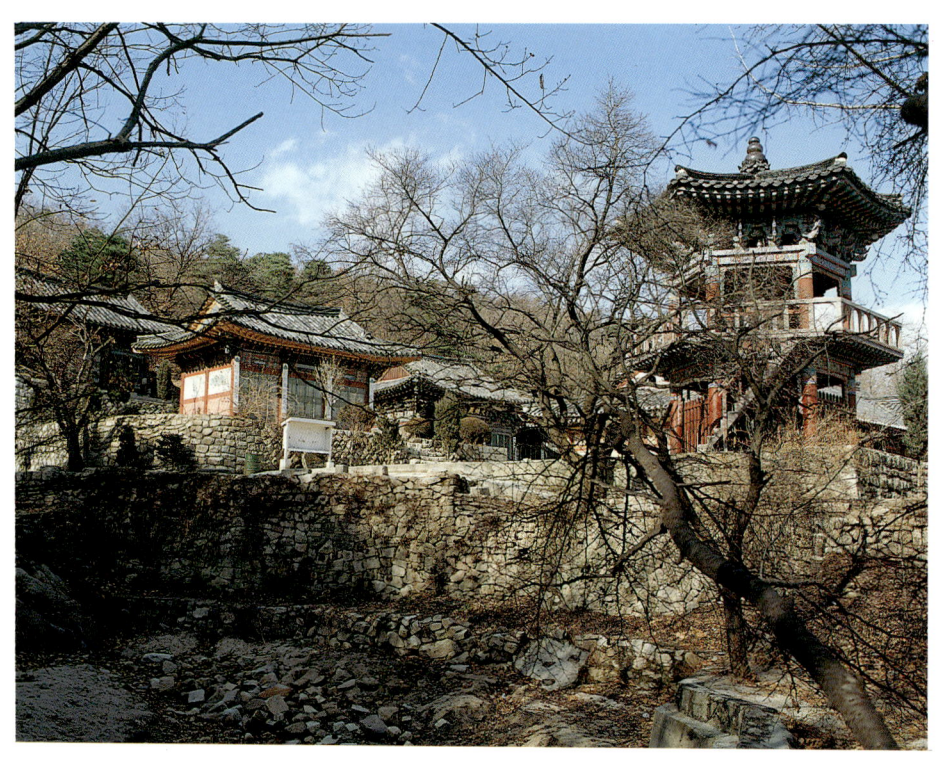

화계사 화계사로 올라가면 칼바위 능선을 거쳐 '보국문'에서 북한산의 '구멍 체험'을
겪게 된다.(위)

북한산 능선 성하의 싱싱한 푸르름으로 용틀임하는 북한산 능선은 푸른빛에 대비된
흰 바위빛이 수도의 진산다운 세련미를 풍긴다.(옆면)

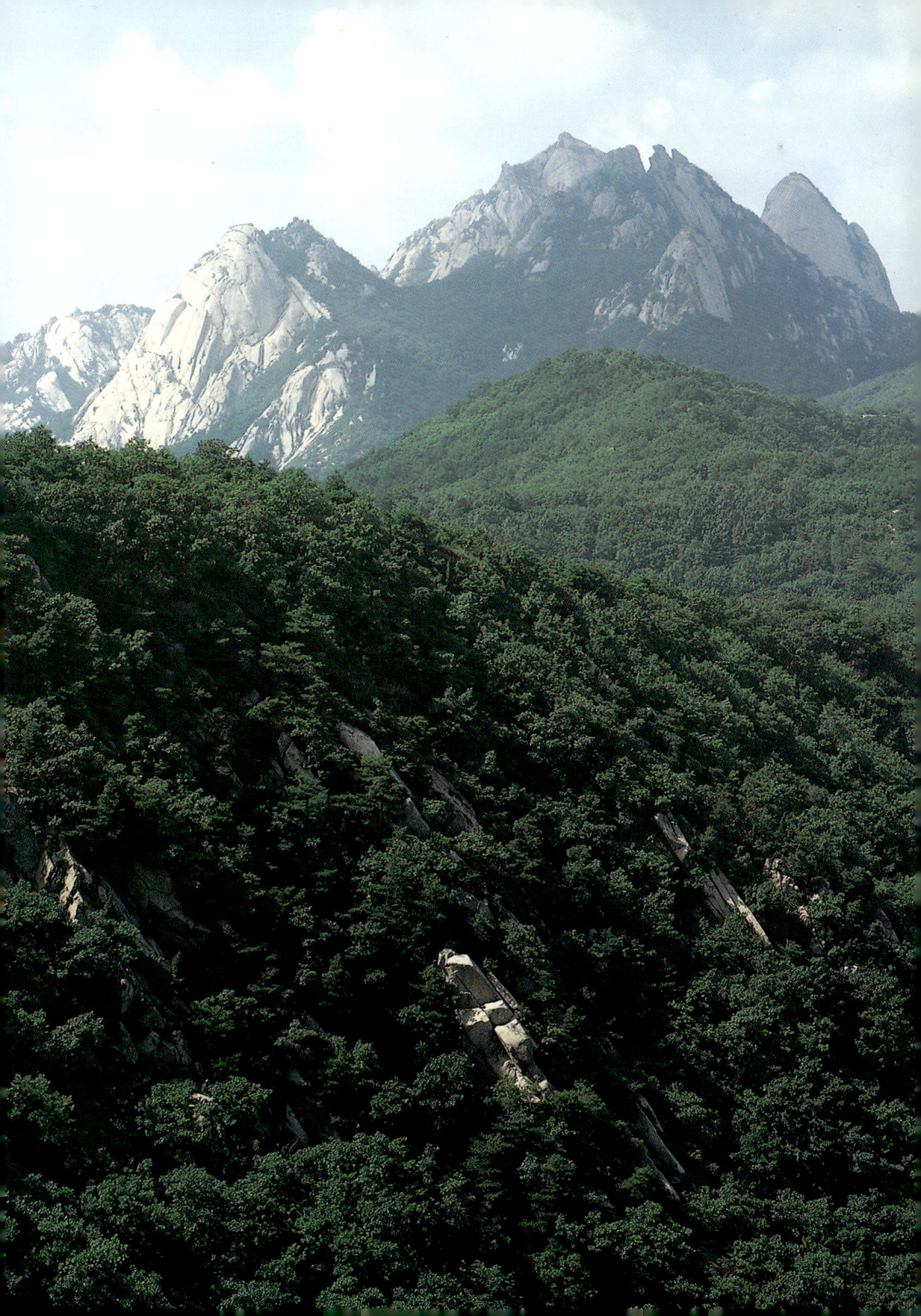

5. 우이동의 '고향 산천'(옛 선운각)에서 진달래 능선을 타고 가면 대동문으로 이어진다. 도선사를 경유하면 용암문으로 올라간다. 도선사 주차장에서 깔딱 고개나 하루재를 거쳐 위문과 백운대로 올라간다.

북한산의 주봉인 백운대로 오르는 가장 빠르고 손쉬운 코스는 우이동—도선사—깔딱 고개(하루재로 돌아가면 더욱 수월하다)—위문—백운대를 잇는 코스다. 북한산 주능선을 종주하자면, 세검정이나 정릉에서 출발하여 주능선으로 올라 6개의 성문을 거쳐 백운대로 오른 다음 우이동 방면으로 하산한다. 끝까지 종주하기가 힘든 경우에는 어느 성문에서건 하산하면 그만이다. 그렇게 하여 다 가보지 못한 길은 다음 기회에 찾아가는 방법으로 서너 번 다니다 보면 북한산 등산로의 중요한 뼈대는 충분히 감지할 수 있게 된다.

주능선길

세검정이나 구기동에서 대남문에 이르면 대남문 서쪽 문수봉 바위 사면에 문수사가 보인다. 대남문 남쪽 봉우리가 보현봉이다. 여기서 북쪽 계곡 윗부분에 빨간 양철 지붕의 대성암이 나타난다. 대성문 남서쪽으로 보현봉 동쪽 사면을 길게 가로지르며 뻗어 내린 길은 일선사를 지나 평창동이나 정릉 쪽으로 이어진다.

대성문에서 다시 동쪽으로 20여 분 걸으면 보국문이며 남동 방향으로 이어진 계곡길을 따라가면 정릉이다. 칼바위 갈림길이 그곳에서 대동문 쪽으로 5분 거리에 있다. 칼바위 능선은 정릉 수유동으로 이어진다. 칼바위 갈림길에서 대동문까지는 1시 방향(정북에 가깝다)으로 15분 거리. 대동문에서는 진달래 능선이나 그 왼쪽의 홀아

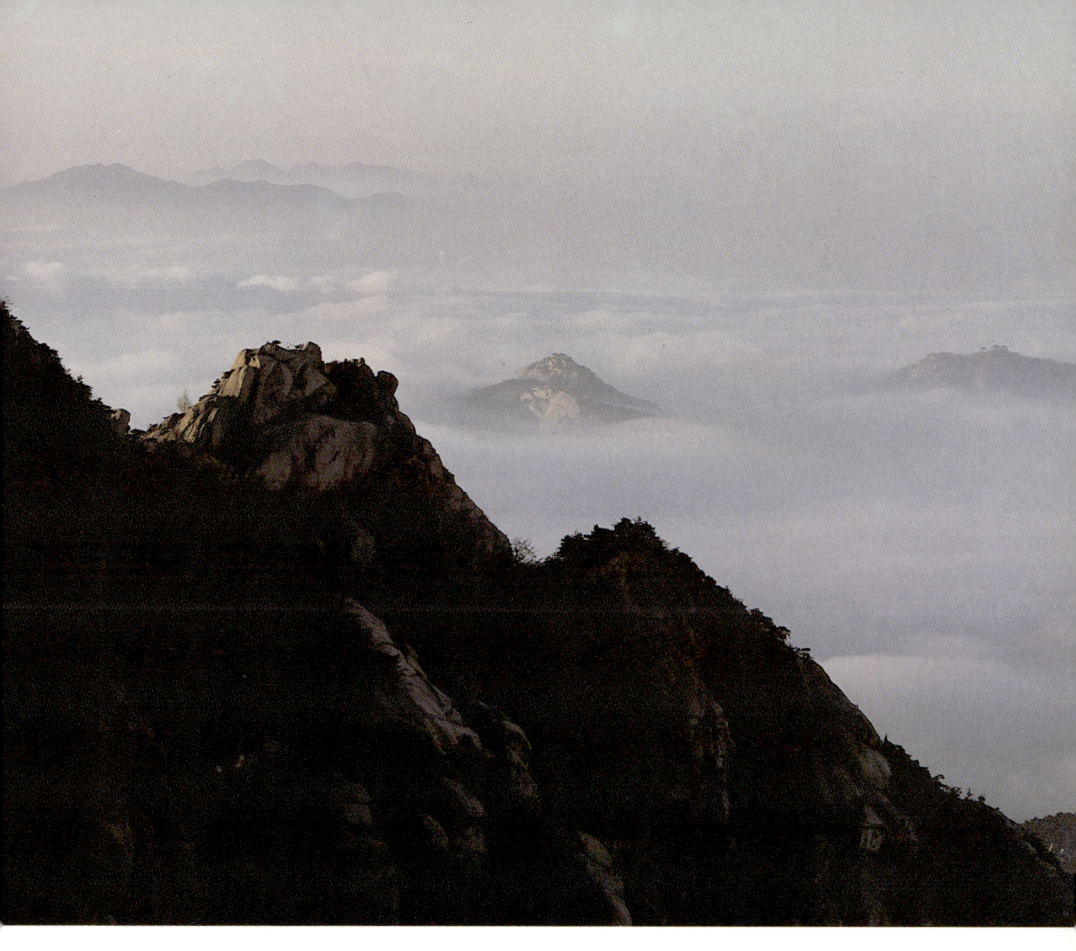

보현봉에서 바라본 **인왕산**(가운데)**과 안산**(오른쪽 끝)　서울 시가는 산안개 속에 가라
　앉아 보이지 않는다.

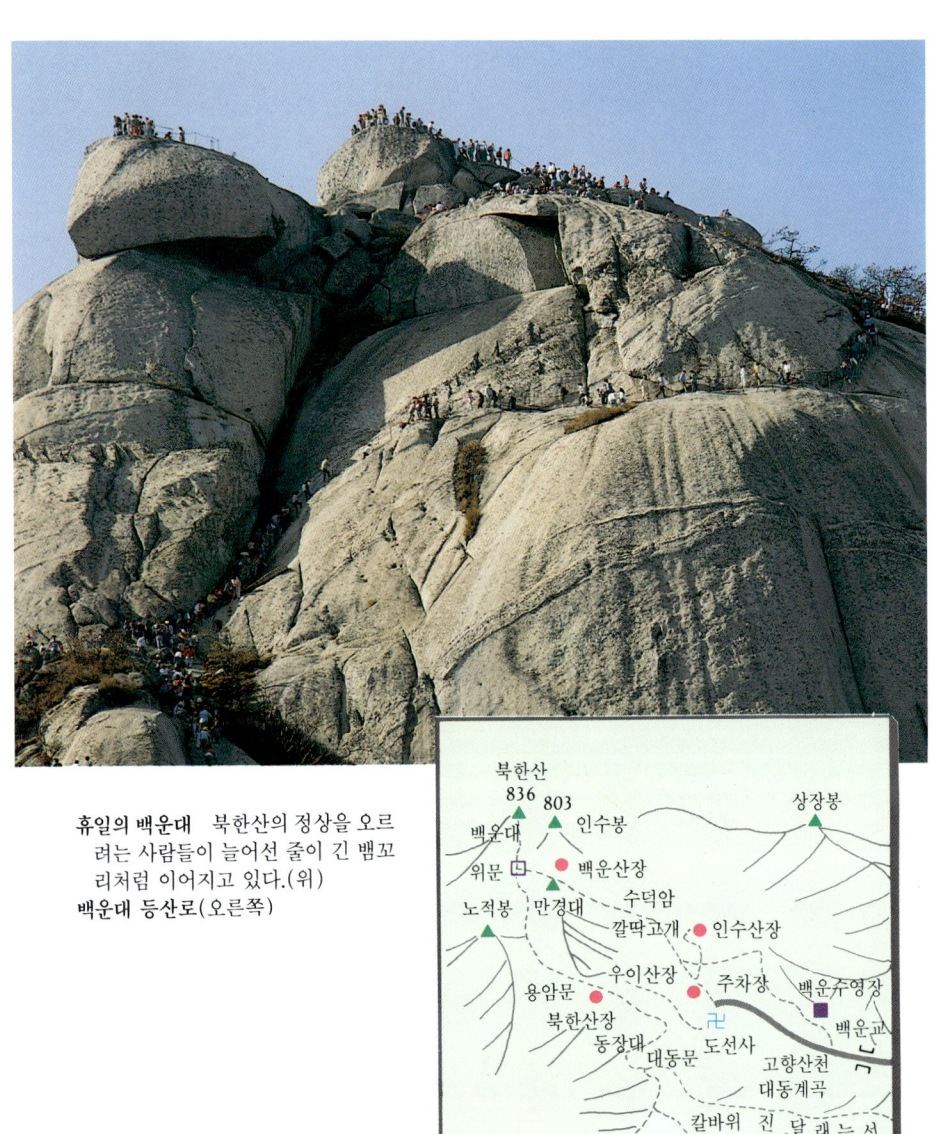

휴일의 백운대 북한산의 정상을 오르
려는 사람들이 늘어선 줄이 긴 뱀꼬
리처럼 이어지고 있다.(위)
백운대 등산로(오른쪽)

북한산
836   803
백운대   ▲ 인수봉   상장봉
위문 ▢   ● 백운산장   ▲
       ▲   수덕암
노적봉   만경대   깔딱고개 ● 인수산장
           ● 우이산장   주차장 백운주영장
용암문 ●   ●   卍   ▪ 백운교
       북한산장   도선사
       동장대 대동문   고향산천
                            대동계곡
              칼바위 진 달 래 능 선
        ▢ 보국문

비 계곡으로 해서 선운각이 있던 '고향 산천'이나 '아카데미 하우스'로 내려갈 수 있다.

대동문에서 북쪽으로 10여 분 거리에 동장대 터가 있다. 북한산에서 전망이 가장 뛰어난 곳의 하나이다. 동장대 터에서 북한 산장까지는 20분 거리이다. 산장 공터가 제17야영장으로 그곳에 샘물이 난다. 북한 산장 동쪽 5분 거리에 있는 용암봉에서 우이동 도선사 뒤 제18야영장으로 내려서는 길이 있다. 북한 산장 북쪽 200미터 지점의 안쪽에 용암문이 있다.

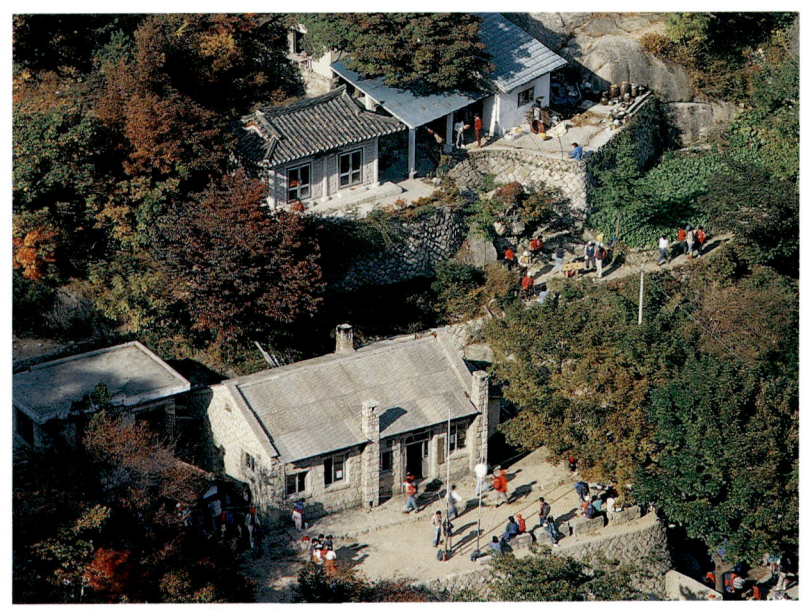

백운대 턱밑에 있는 백운암과 백운 산장

용암문에서 동쪽으로 내려서면 도선사 주차장으로 빠지는데 50분이 걸린다. 11시 방향으로(왼쪽 길) 계속 나아가면 노적봉 옆을 지난다. 만경대 서쪽 사면을 가로질러 30분 뒤면 위문에 이른다.

용암문에서 산성을 따라 줄곧 나아가면 이른바 '만경대리지'로 올라 붙는다. 전문적인 등반 기술이 필요한 구간이 있는 암릉이다. 몹시 위험한 고도가 줄곧 이어지는 아슬아슬한 곳이다. 그 아슬아슬함을 즐길 만한 기술과 장비 그리고 경험을 갖춘 사람이나 다닐 만한 곳이다. 만경대리지를 통해서 깔딱 고개나 백운 산장까지 내려서는 데는 3, 4시간이 소요된다.

용암문에서 노적봉을 지나 만경대 서쪽 사면을 가로질러 위문으로 이르는 길은 그 서쪽으로 열린 조망이 그럴싸하여 북한산 주릉 산행길의 절정을 이룬다. 곳곳의 위험한 지점마다 쇠난간이 설치되어 있으므로 겨울철에도 무난하게 다닐 수 있다. 위문에서 백운대 정상까지도 위험한 지점에는 쇠난간이 설치되어 있다. 위문에서 백운 산장—깔딱 고개—우이 산장—도선사 주차장에 이르는 코스는 약 1시간 30분이 소요된다.

우이동 기점

우이동 음식점인 고향 산천 앞 주차장에서부터 북한산 주능선으로 올라 붙는 숱한 길은 부채살처럼 퍼져 있다. 남쪽(왼쪽)으로부터 진달래 능선, 홀아비 계곡, 도선사—용암문, 도선사 주차장—깔딱 고개—백운 산장—위문, 도선사 주차장—하루재—인수 산장—백운 산장—위문, 고향 산천 북쪽 능선—하루재—위문, 그린 파크—선운사—육모정 고개—영봉—하루재 등으로 이어지는 등산로가 그것이다.

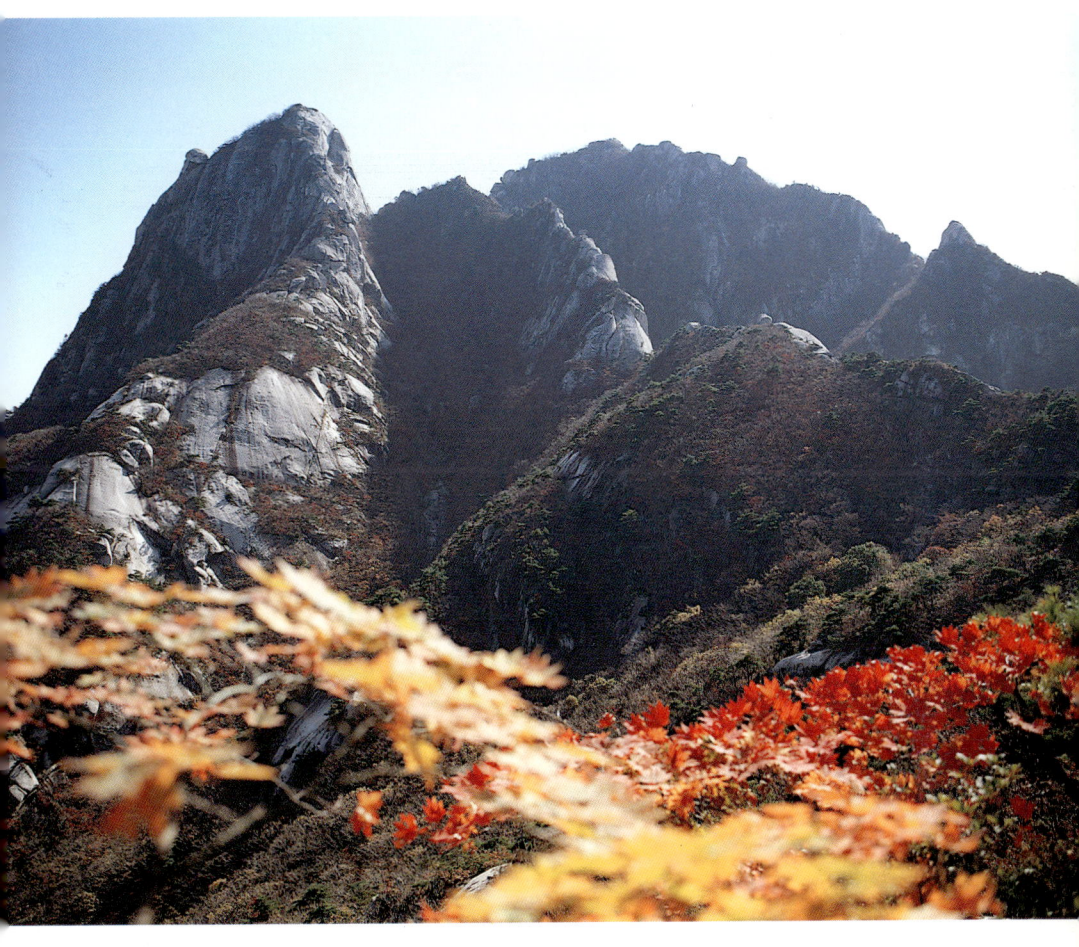

육모정에서 만난 북한산   진홍빛 가을이 물든 북한산의 왼쪽에 귀바위를 붙인 인수봉
이 우뚝하다. 그 오른쪽 암릉이 숨은벽리지이며 그 뒤쪽에 백운대가 짙은 그림자를
드리우고 있다.

백운대를 가장 빠르고 쉽게 오르려면 우이동을 들목으로 삼으면 된다. 6번 버스 종점에서 도선사 주차장까지 택시를 합승할 수 있으나 걷는 맛이 더 좋다. 걸을 때는 고향 산천 입구에서 포장 도로 오른쪽(북쪽) 능선 위로 올라 붙으면 된다. 오리목이 많아 '오리 능선'으로 불리는 이 길은 걷기에 아주 좋을 뿐 아니라 호젓하기 그지없다.

4·19탑 기점

4·19탑을 기점으로 하는 등산로는 칼바위와 진달래 능선 방향이 주종을 이룬다. 오른쪽(북쪽) 비탈길은 모두 진달래 능선으로 올라섰다가 대동문으로 들어서게 된다. 대동문은 북한산 주능선 길의 중간 지점에 위치한다. 따라서 남쪽 보현봉이나 북쪽 백운대를 골라 잡아 어느 한쪽을 택하더라도 하루 산행에 적당한 거리가 된다. 더 짧은 코스로는 진달래 능선—대동문—칼바위 코스를 들 수 있지만 하루 산행으로는 미진할 것이다.

정릉 기점

이 기점의 등산로는 정릉 풀장 일대에서 주능선 쪽으로 부채살처럼 퍼져 있다. 영추사—일선사—대동문 코스, 내원사—넓적바위—보국문 코스 등이 큰 갈래길인데 대개 칼바위나 보현봉을 그 정점으로 잡는다. 주능선으로 가장 쉽게 오르는 코스는 넓적 바위에서 보곡문으로 바로 오르는 길이다. 2시간 정도 걸린다. 하루 산행으로는 칼바위나 보현봉으로 주능선에 올라 우이동으로 하산하는 것이

무난하다. 그 역방향도 마찬가지이다. 그러나 멀리 백운대를 정점으로 잡는 것도 경쾌한 맛이 있다.

세검정 기점

세검정 코스는 북한산 등산에서 가장 오랜 전통을 자랑한다. 주변의 풍광 또한 한양에서 열 손가락을 꼽는 가운데 들었다. 지금은 도심 못지않게 많은 차량이 오가고 계곡 주변에는 고급 빌라 등의 주택이 들어차 옛모습을 찾아보기 어렵게 되었다. 그러나 옛날에는 북악의 모산인 보현봉을 북한산의 한 상징으로 보았다. 그래서 보현봉 오르는 것으로 삼각산 등산이 마무리되는 조선조 시절부터 세검정은 최고의 등산 기점이 된 것이다.

서쪽 비봉 기슭의 승가사로 해서 대남문으로 오르는 코스, 문수봉 밑의 문수사로 해서 대남문으로 가는 코스, 보현봉 아래 일선사를 거쳐 대성문으로 오르는 코스가 대표적이다. 승가사와 문수사는 구기동의 구기 파출소가 기점이며, 일선사 코스는 평창동 북악터널 못미친 마지막 정류장 앞에 있는 연예인 교회가 그 기점이 된다.

세검정으로 올라선 코스들은 주능선의 성문으로 들어서기만 하면 하산길은 어디를 택해도 무방하다. 그만큼 이 일대에는 청수동 암문, 대남문, 대성문, 보국문, 대동문 등의 12성문 가운데 5성문의 '구멍'이 몰려 있다. 그것은 북한산이 서울과 남쪽으로 가장 접근해 있다는 반증이다.

구파발 기점

구파발에 들어서서 북한산을 바라보면 '북한산성'의 이미지가 어느 등산 기점보다도 선명하게 다가온다. 대서문과 대서문에서 건너다보이는 원효봉 능선의 성곽이 북한산성의 여느 구간에 비교하기 어렵게끔 잘 보존되어 있기 때문이다. 이쪽으로 들어가면 위문이나 용암문 또는 산성 계곡을 거슬러 대남문으로 올라갈 수 있다.

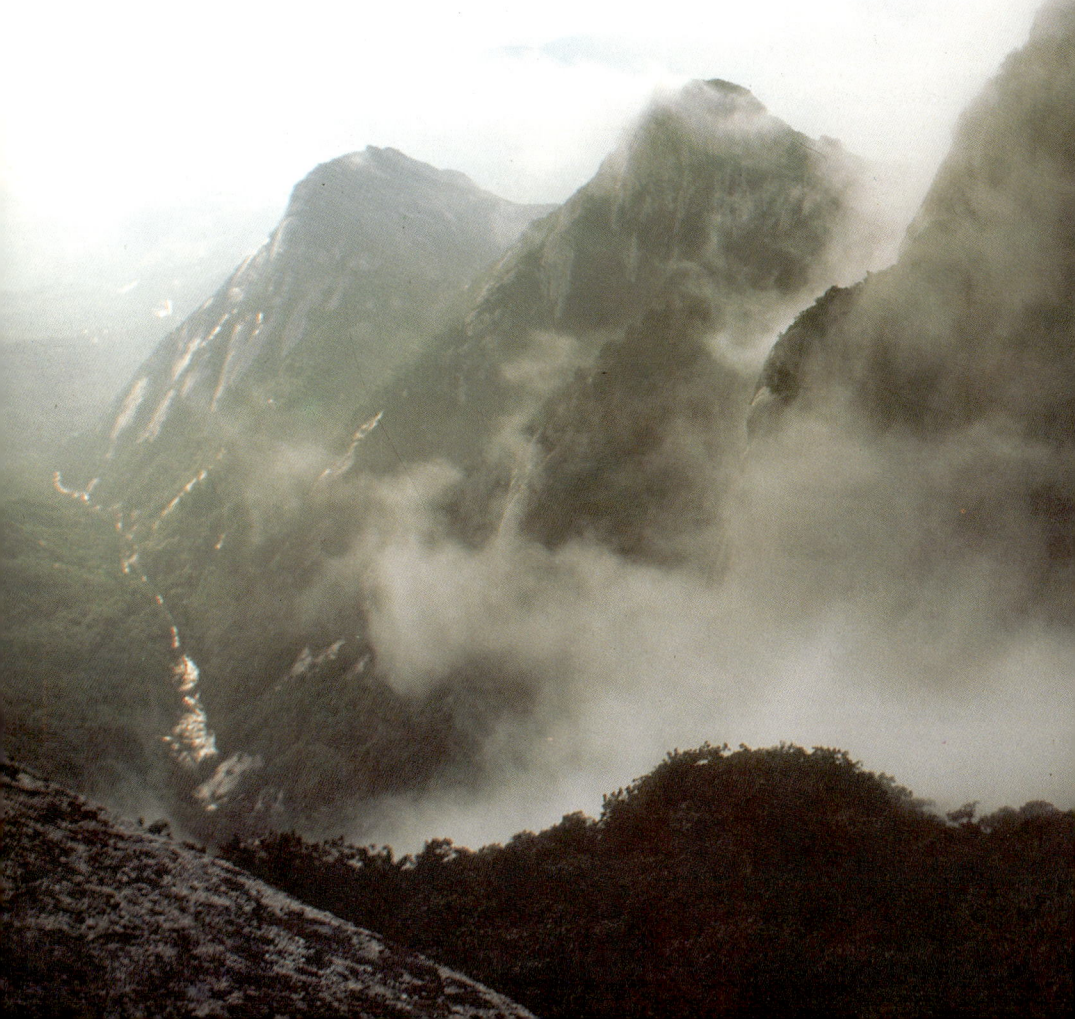

만경대에서 바라본 백운대 왼쪽의 염초봉과 원효봉으로 이어지는 북한산 서쪽 능선이
천지 창조의 그날 같은 처녀성의 신비경을 연출하고 있다.

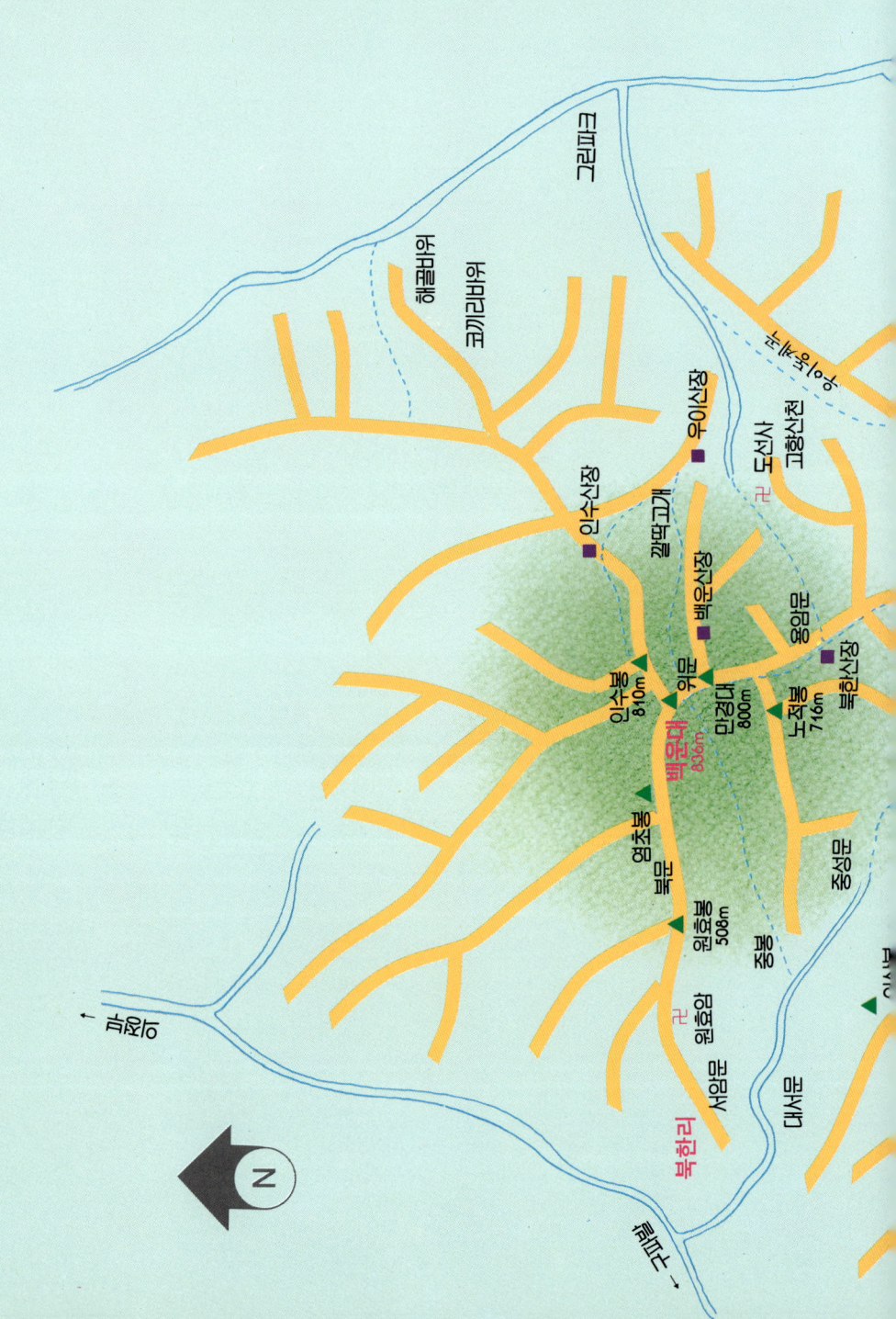

구린피크

해골바위

코끼리바위

우이신창

도선사 卍

고향산천

인수신창

갈맥고개

백운신창

인수봉
810m

위문

용암문

만경대
800m

백운대
836m

노적봉
716m

북한신창

영초봉

목문

중성문

원효봉
508m

중봉

원효암 卍

서암문

대서문

북한리

용암문

↑ 효자동

↑ 우이동

↑ 의정부

↑ 송추

N

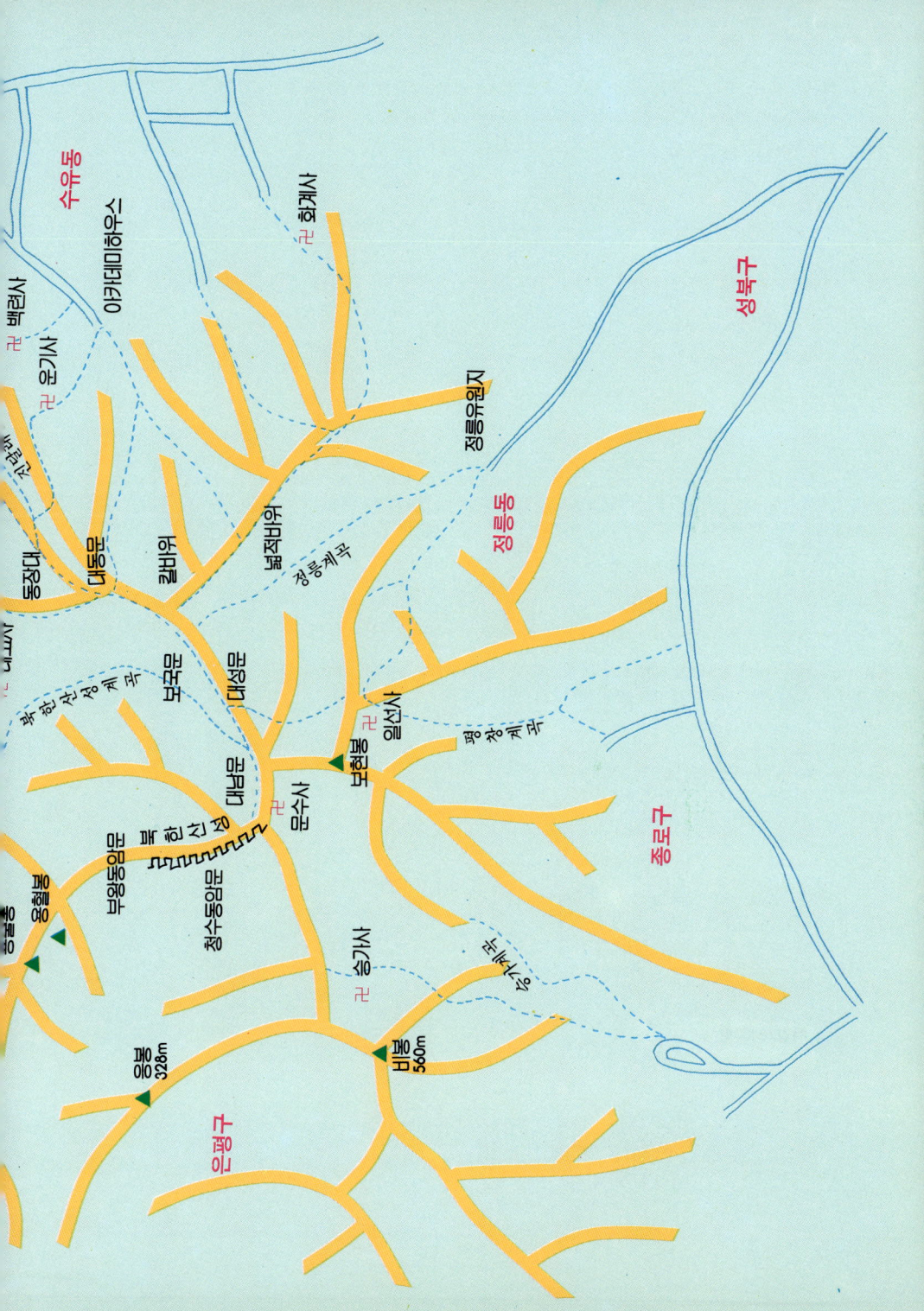

수유동

화계사 卍

성북구

아카데미하우스

정릉유원지

정릉동

칼바위 卍

불교연 卍

운기사 卍

넓적바위

도선대 卍

대동문

정릉계곡

대동문

보국문

대성문

복 청 계 곡

일선사 卍

종로구

북 한 산 성 계 곡

대남문

보현봉

대북문

정릉

대남문

문수사 卍

북 한 산 성

승가사 卍

부왕동암문

구 기 계 곡

청수동암문

고양시

▲
응봉
328m

▲
비봉
560m

은평구

빛깔있는 책들 301-13

북한산

글	—박인식
사진	—안승일
발행인	—장세우
발행처	—주식회사 대원사
주간	—박찬중
편집	—김한주, 신현희, 조은정, 황인원
미술	—윤봉희
전산사식	—육세림, 이규헌
첫판 1쇄	—1993년 4월 30일 발행
첫판 6쇄	—2003년 4월 30일 발행

주식회사 대원사
우편번호/140-901
서울 용산구 후암동 358-17
전화번호/(02) 757-6717~9
팩시밀리/(02) 775-8043
등록번호/제 3-191호
http://www.daewonsa.co.kr

이 책에 실린 글과 그림은, 저자와 주
식회사 대원사의 동의가 없이는 아무
도 이용하실 수 없습니다.

잘못된 책은 책방에서 바꿔 드립니다.

ⓑ 값 13,000원

Daewonsa Publishing Co., Ltd.
Printed in Korea(1993)

ISBN 89-369-0141-9 00980

빛깔있는 책들